孩子，
你的善良
也要带点
锋芒

朝歌 编著

吉林文史出版社
JILIN WENSHI CHUBANSHE

图书在版编目（CIP）数据

孩子，你的善良也要带点锋芒 / 朝歌编著. -- 长春：吉林文史出版社, 2024. 10. -- ISBN 978-7-5752-0707 -2

Ⅰ. B848.4-49

中国国家版本馆CIP数据核字第2024YX9804号

孩子，你的善良也要带点锋芒
HAIZI, NI DE SHANLIANG YE YAO DAI DIAN FENGMANG

出 版 人 张 强
编 著 朝 歌
责任编辑 钟 杉
封面设计 韩海静
出版发行 吉林文史出版社
地 址 长春市净月区福祉大路5788号
邮 编 130117
电 话 0431-81629357
印 刷 三河市南阳印刷有限公司
开 本 710mm×1000mm 1/16
印 张 9
字 数 90千
版 次 2024年10月第1版
印 次 2024年10月第1次印刷
书 号 ISBN 978-7-5752-0707-2
定 价 59.00元

序言

　　小朋友们，你们是不是常常听父母或老师说，要做一个善良的人？从小到大，我们都被教导要关心、帮助他人，做一个善良的人。善良，确实是每个人都应该培养的美好品质。它就像一束和煦的阳光，能够温暖别人的心，也让我们的生活变得更加美好。

　　然而，随着你们慢慢长大，逐渐接触到更多的人和事，你们可能会发现，做一个善良的人并不是那么容易的。有时候，你们的善意会被误解，甚至被利用。有些小朋友可能会遇到这样的情况：当你们想帮助别人时，却感到压力很大；当想拒绝别人的要求时，你们却因为害怕伤害别人而感到为难。这些时候，你们可能会感到困惑：我是不是做错了？到底应该怎么做才算是一个善良的人？

　　在这个复杂的世界里，在帮助、关心别人时，我们还需要有其他方面的智慧。善良并不意味着满足所有人的要求，也不意味着在面对不公平的事情时，要默默地忍受。相反，真正的善良需要有一点儿锋芒，这种锋芒不是让我们变得冷漠或自私，而是帮助我们更好地理解如何去爱自己和他人。

《孩子，你的善良也要带点锋芒》这本书，正是为了帮助你们理解这种有智慧的善良而出现的。书中讲述了一些小朋友们的故事，故事中的他们和你们一样，也在学习如何在付出善良的同时保护自己。这些故事有喜有悲，可能让你们感到熟悉，因为你们自己或者身边的很多朋友可能也经历过类似的事情。

通过这些故事，你们能够学会如何在生活中做出明智的选择，学会在关心他人的同时，不忘保护自己。我们希望你们明白，善良并不意味着无条件地帮助所有人，而是要有选择地、有智慧地去帮助那些真正需要帮助的人。要有敢于说"不"的勇气，敢于表达自己的感受和想法，而不必过于担心别人的看法。

亲爱的小朋友们，希望这本书能够成为你们成长过程中的好伙伴，陪伴你们一起探索善良的真正含义。愿你们在未来的每一天，都能勇敢地做自己，成为一个既善良又智慧的小小勇士。

目录

第三章

你的善良需要有点儿立场

第四章

优柔寡断，不等于善良

第五章

学会拒绝，是你变强大的开始

第六章

做一个有棱角的人，保护我的"性本善"

第 一 章

你无法成为所有人眼中的好孩子

你不是超人，没办法有求必应

　　小朋友们，你们是否常常希望自己能像动画片里的超人那样，拥有无穷的力量，能帮助身边的每一个人，满足他们的每一个要求？但是，你知道吗，在现实生活中，我们并不是超人，因为我们的能力和精力都是有限的。

　　不过，这并不意味着我们不能帮助别人，而是我们要学会在帮助别人和保护自己之间找到平衡。这就像是玩跷跷板，如果我们只想着帮助别人，而忽略了自己，那么跷跷板就会失去平衡，我们可能因此而受伤。

你知道吗？

　　保护自己不是自私，而是为了更好地帮助别人。当有人向我们寻求帮助时，我们要先想一想：我是不是愿意帮助他？我是不是有足够的能力去帮助他？如果答案是肯定的，那么就应该勇敢地伸出援手。如果答案是否定的，那我们就应该学会拒绝，并告诉对方我们的感受。

善良小剧场

朵朵是班长，她一直觉得班长就应该像个超人一样为同学们排忧解难，这样才能获得大家的信任和喜欢。所以，每当同学们遇到困难时，她总是第一个伸出援手。可是，渐渐地，朵朵开始感到力不从心，因为她的时间和精力也是有限的，根本没办法帮助所有人。不过，尽管如此，朵朵还是尽力去满足同学们的需求。

她常常熬夜帮同学解课外难题，还牺牲自己的休息时间为大家补习。可是，这样的行为影响到了她的学业，她的成绩开始下滑。在一次重要的考试中，朵朵因为平时疏于复习，成绩一落千丈。老师严厉地批评了她，一些同学也开始在背后说她没有余力还要逞能，朵朵非常难过。

这次经历让朵朵深刻地认识到了自己的问题，她开始意识到，自己不是超人，也没办法对大家的要求有求必应。于是，她开始学会拒绝一些自己没有能力帮或者不想帮的请求，并更加专注于自己的学业。终于，她的成绩渐渐提高了。这件事让朵朵明白，只有先保证自己的成长和进步，才能更好地去帮助他人。

在古代，有一个人也早早明白了这个道理，这个人就是孔子。

有一天，仲弓怀着对"仁"的深切探求之心，来到了孔子的面前。他恭敬地问道："老师，我究竟应该怎样做，才能称得上是'仁'呢？"孔子温和地说："如果一件事是你自己都不愿意去做的，那么你也就不应该强求别人去做。"

己所不欲，勿施于人。

弟子明白了。

仲弓听了孔子的话，心中豁然开朗。

这就是孔子说的："己所不欲，勿施于人。"这句话的意思是，自己不愿意做的事，就不要强加给别人。这不仅是我们对他人的态度，也是在提醒我们做事要量力而行，千万不要逞强。

对孔子来说，做一个好人也是需要原则和底线的。比如，我们要了解自己的能力与弱点，不能因为外界的赞美或一时的冲动，就去做超出自己能力范围的事。

做一个好人固然重要，但更重要的是懂得保护自己，不要因为逞强而让自己陷入困境。要知道，真正的善良不只在于我们做了多少好事，还在于我们是否对自己负责，不让自己因过度付出而陷入困境。

专家有话说

　　亲爱的小朋友们，你们知道吗，做一个好人的确是件令人骄傲的事情，因为当帮助别人的时候，我们心里会感到十分温暖，这就是"赠人玫瑰，手有余香"的道理。但是，如果答应别人所有的请求，那我们就会像陀螺一样转个不停，也会变得很累、很烦恼。所以，我们一定要学会这个很重要的道理，那就是"量力而行"。

不用羡慕他们，因为你也很棒

亲爱的小朋友们，你们有没有过这样的时刻呢？当你看着别的小朋友拥有那么多玩具，看到别人正在炫耀自己的好成绩，或者看到别人总是被一群朋友围绕时，总是不由得心生羡慕……但是，你们知道吗？在这个世界上，每个人都是独一无二的，就像天上的星星一样，每一颗都有自己独特的光芒。

我们不需要去羡慕别人，因为每个人都有自己的优点和闪光点。当你真正认识到自己的价值，就会发现，原来自己也是那么独特、那么闪耀！

你知道吗？

在这个多彩的世界里，每个人都是独一无二的，就像漂亮拼图中的每一块小拼图都有自己独特的形状和颜色。我们每个人都有自己独特的优点和才能，这是我们与众不同的地方，也是我们独一无二的魅力所在。

善良小剧场

    小雨总觉得自己不如其他同学。班里的小榕画画好，小杰体育出色，班级赛跑他总能跑第一名……他们经常被老师和同学们表扬，渐渐地，小雨变得越来越不自信。她不敢在课堂上主动发言，害怕自己的答案会被嘲笑；也不敢参加任何课外活动，担心自己会失败。

    有一天，学校组织了一次奥数比赛，这个比赛要求每个同学都要参加。在比赛中，小雨意外发现原来自己在数学方面很有天赋。当她看到自己的名字在成绩榜单上名列前茅时，心里一阵喜悦。比赛结束后，同学们纷纷向她表示祝贺。这一刻，小雨突然明白了，每个人都有自己擅长和不擅长的事情，没有必要去羡慕别人，因为自己同样很棒。

从那以后，小雨努力发展自己的兴趣。她加入了学校的数学竞赛队，积极参与各种数学培训，不断提升奥数水平。终于，小雨越来越自信了。

　　在近代，也有一位著名的画家曾跟小雨一样迷茫，他就是齐白石。齐白石小时候体弱多病，无法像其他孩子那样承担繁重的农活儿。为了能让齐白石将来有个谋生的手艺，家里决定让他去学木工活儿。然而，没有强健的体魄和持久的耐力是当不了木匠的，毕竟齐白石连木桩都拿不动。就在齐白石感到迷茫和沮丧的时候，他偶然间接触到了雕花这门手艺。雕花需要精细的手法和出色的审美能力，这恰好与齐白石的喜好和天赋相契合。于是，齐白石毅然决定转行学雕花。

这个技能可以用到绘画上。

齐白石全身心地投入雕花学习中，通过不断揣摩、实践，他的雕花技艺获得了巨大提升。更重要的是，他在雕花的过程中发现了自己的美术天分，于是他开始尝试将传统的雕花技艺与自己的创新相结合，并将雕花技艺运用到绘画上。经过不断地努力和探索，齐白石终于成为了一位举世闻名的大画家。

通过齐白石的故事，我们可以看出，一味羡慕别人的光环并不能使我们自己成长。只有发现并放大自己的优点，才能让人生变得丰富多彩。

专家有话说

当我们发现自己的优点时不要沾沾自喜，而是要学会如何将这些优点放大。就像一颗种子，需要阳光、雨露和土壤才能茁壮成长，我们的优点也需要我们的努力和坚持才能变得更加耀眼。所以，小朋友们，当你们发现自己的长处时，不要停下脚步，要勇敢前行，发掘自己无限的潜能，让自己的优点变得更加耀眼。

太在意别人，就会失去自己

导言：

亲爱的小朋友们，你们有没有发现，有时候我们会因为别人的看法而改变自己，甚至为此去做一些自己不喜欢做的事情。其实这是很正常的，因为在生活中，我们难免会受到别人的影响。但是，如果我们总是过于在意别人的看法，就会像一叶小舟在风浪中摇摆不定，最终还可能"弄丢"真正的自己。

所以，小朋友们，我们要学会倾听自己内心的声音，勇敢地表达自己的想法。不要害怕别人的看法和评价。我们要相信，这个世界会因为我们而变得更加美好。

你知道吗？

如果我们总是迎合别人的期望，而忽略了自己内心的声音，就像是穿着一件并不合身的衣服，感觉不自在、不舒服。真正的快乐是我们能够真实做自己，而不是为了取悦别人改变自己。

善良小剧场

　　小勇是一个善良而敏感的孩子，他总是非常在意周围人的看法。每当同学们聚集在一起谈论某个话题时，他总是尽量附和，以确保自己能够融入其中。可是，这种过度迎合他人的行为，渐渐让小勇忽略了自己真正的想法。

　　一次，班级组织了一次才艺展示活动，小勇也报名参加了。小勇其实非常擅长弹吉他，但他注意到班上很多同学更喜欢看街舞，于是小勇决定去学街舞。谁知在表演当天，小勇因为紧张频频失误，结果他的舞蹈表演不但没有像预期的那样大获好评，反而让同学们十分失望。小勇终于意识到，过度在意别人的看法，反而会让他失去自我。

不久之后，班级又组织了一次音乐会。这次，小勇没有犹豫，他鼓起勇气决定展示自己的吉他才艺。演出完毕，小勇的吉他弹奏赢得了全场热烈的掌声。这一刻，小勇终于明白，做自己真正擅长和热爱的事情，才能让自己快乐。

　　古代的著名思想家庄子就很懂得追求内心的自由。先秦时期，楚国派遣使者请庄子出山做官，当使者说明来意后，庄子却没有答应，而是悠然地坐在河边垂钓："我听说楚国有神龟，已经死掉三千年了，楚王用竹箱贮存它，还为它盖上了锦缎，将它挂在庙堂上。请问这只龟是愿意死后享受富贵，还是愿意活着时在泥水里自由自在地游呢？"

使者想了想，说道："应该是愿意活着时在泥水里自由自在地游吧？"庄子淡然一笑："是啊，我也希望自己能在泥水中自由地活着，你们请回吧。"使者知道庄子心意已决，就没有继续强求，恭敬地告退并返回楚国了。庄子遵循内心做出了选择，最终成为后世传颂的佳话。

对庄子来说，他宁愿做一只在泥水里自由自在游泳的龟，也不愿意为了迎合别人的期望而失去自我，用自己的自由去换取荣华富贵。我们也应当像庄子一样，不要迷失在别人的期待和评价里，要勇敢地做自己，听从自己内心的声音，这样才能找到自己真正想做的事情，而不是为了迎合别人而委屈自己。

专家有话说

　　每个人都有自己的价值和独特之处，我们不能因为过于在意别人的看法而迷失了自己，要勇敢做自己。当然，勇敢做自己并不意味着我们要变得固执己见、不听取别人的意见，而是我们要学会鉴别别人的声音，从中汲取有益的建议，让自己变得更加完美。

走自己的路，才不管别人说些什么

导言：

　　亲爱的小朋友们，你们有没有遇到过这样的情况：心里明明想做某件事情，却又担心如果做了，别人会说些什么，只好选择放弃。其实，每个人都有独属于自己的一条人生道路，这就像是一条只属于自己的秘密小径，别人是无法替你走，也不能替你决定方向的。

　　所以，我们要勇敢地走自己的路，别人的建议听一听，但要自己做决定。当你勇敢地做自己、走自己的路时，就会发现原来生活非常精彩，每一步都充满了惊喜和乐趣。

你知道吗？

　　每个人都有自己的梦想和目标，有时候，别人可能会不理解我们的选择，但只要我们坚持走自己的路，就会发现生活中充满了无限的可能性。在这个过程中，别人可能会发表各种意见，但他们不能替我们生活，所以，坚定不移地走自己的路，才是最酷的选择！

善良小剧场

明明第一次听二胡演奏时，就深深地被二胡的音色吸引了。然而，他的这个爱好却在学校里遭到了一些同学的嘲笑，同学们觉得二胡不如钢琴那样时尚、高雅。明明听了这些话心里感到很不是滋味，但最后还是决定跟大家一起去学钢琴。

学钢琴的过程对明明来说异常艰难，那些复杂的音符和指法令他无所适从，经过一段时间的痛苦挣扎，明明终于想清楚了，他不应该因为别人的看法而委屈自己，不应该忽略了自己内心的真实感受。于是，明明决定重新拿起二胡，再也不去理会同学们的嘲笑和议论了。

在学校的一次文艺会演中，明明为大家演奏了一首二胡曲。当二胡那富有韵味的旋律响起时，整个会场都安静了。演奏结束后，全场爆发出了雷鸣般的掌声，师生们纷纷起立，为明明鼓掌欢呼。明明骄傲地笑了——只有坚持做自己，才能找到属于自己的光芒。

东晋时期的伟大诗人陶渊明就是坚持做自己的。当初，陶渊明在彭泽县担任县令一职。他深知官场的腐败与黑暗，不愿与那些贪婪的官员同流合污。一天，郡里的督邮前来视察，督邮是个贪婪且傲慢的人，他要求县令必须亲自前来迎接他，并备好礼品以示恭敬，谁知陶渊明却毅然辞掉了官职，回归田园了。

陶渊明的朋友们得知此事后，纷纷前来劝阻他，大家都觉得他这样做太过冲动，会失去生活保障。但陶渊明却坚定地说："我宁可饿死，也不愿为了那五斗米的俸禄而向这种人低头。"他深知自己的选择将带来艰辛与贫困，但他更清楚，只有坚守自己的原则和信念，才能活出真正的自我。

无论是我们故事中的明明还是陶渊明，他们的经历都说明了一个道理：不管别人的建议是好的还是坏的，我们都要坚持自己的选择，走自己的路，只有这样才能实现梦想和目标。我们不应该因为别人的意见而放弃自己的追求，否则即便取得了一定成绩，我们也会觉得委屈。所以，只要勇敢地走自己的路，不畏惧困难和挑战，我们的生活会变得更加精彩。

专家有话说

即使面对善意的建议，我们也应该遵从本心，不要因为害怕拒绝别人的好意而放弃自己的道路。在现实生活中，我们时常会遇到各种建议和意见，有些来自亲朋好友，有些来自老师同学，这些建议往往出于善意，希望我们能够更好地发展或避免走弯路。然而，每个人都有不同的观点和经历，并不是所有的建议都适合我们。在这种情况下，我们需要学会辨别和筛选，坚持走自己认为正确的道路。

不要随意给自己"贴标签"

亲爱的小朋友们，你有没有给自己"贴标签"的行为呢？比如，你会不会因为别人的一句话，就给自己贴上"我很笨""我不受欢迎"等标签？你要知道，这些标签只是别人一时的看法或者感受，它并不能代表你的真正价值。如果你被这些标签所束缚，那就会错过很多成长和发展的机会。

所以，你要学会看清自己的真正价值。每个人都有自己的优点和特长，也有自己的不足和需要改进的地方，但是这并不意味着用一个简单的标签就能定义一个人。

你知道吗？

当我们遇到挑战或者困难时，一定不要给自己贴上"我做不到""我不擅长这个"等标签。我们应该勇敢地面对问题，积极寻找解决的方法，并且相信自己有能力克服困难。千万不要让别人用标签来定义我们。

善良小剧场

木木一直是个努力学习的孩子，但有一次，她在一次重要的考试中失误了，没能取得理想的成绩。更让她难过的是，班里一些同学开始嘲笑她笨。这些嘲笑像种子一样，在木木的心里生根发芽。她也开始怀疑自己是个笨小孩，因而在学习上变得越来越没有信心，这种消极的心态让木木的成绩一再下滑。

幸运的是，木木遇到了一位好老师。老师注意到了木木的变化，她对木木说道："木木，老师一直知道你是个聪明、努力的孩子。你要知道，一次考试的失败并不能代表你的能力，老师相信你，下次一定能取得好成绩。"在老师的鼓励下，木木终于改变了心态，学习更加努力了。

经过一段时间的努力，木木终于在一次重要的考试中取得了优异的成绩。当她看到自己的成绩时，激动得几乎要哭出来。这次经历让木木深刻地明白了一个道理：不能因为别人的嘲笑和否定就轻易放弃自己，更不要给自己"下定义""贴标签"。每个人都有自己的潜力和价值，只要我们勇敢地面对挑战，付出努力，就一定能够有所收获。

在清朝末年，有一位名叫曾国藩的人。与许多天赋异禀的才子不同，曾国藩从小就被贴上了"笨小孩"的标签，就连他自己也觉得，自己就是一个天资不足的笨人。可是，他并没有自暴自弃，而是更加勤奋地学习。

我一定要考中！

终于，曾国藩在科举考试中脱颖而出，以同进士身份进入官场。进入官场后，曾国藩并没有停滞不前，他仍然继续勤奋努力，不断充实自己。最终，这个"笨小孩"成为了晚清时期的名臣。

曾国藩的故事告诉我们，与其因为标签闷闷不乐，停滞不前，倒不如坦然面对众人的批评和嘲笑，并将其转化为自己前进的动力。每个人都有无限的可能性，我们不能因为一次失败或别人的一句嘲笑，就给自己贴上负面的标签。因为标签不仅会限制我们的发展，还会影响我们的自信心和自尊心。我们应该看到自己的优点和潜力，勇敢地追求自己的梦想，成就更好的自己。

专家有话说

亲爱的小朋友们，我们在成长的道路上一定要警惕随意给自己"贴标签"的行为。我们要学会对自己有一个客观的评价，看到自己的优点和不足，发现自己的长处和短处，这样才能对自己有一个清醒的认知，不被那些标签牵着鼻子走。我们只有勇敢地撕掉那些负面的标签，才能在成长道路上不畏风浪，勇敢前行。

第 二 章

如果善良没有长出"牙齿"来，就是软弱

别让你的善良被利用

导言:

　　虽然善良是一种宝贵的品质，但这并不意味着，我们对谁都要善良。因为不是所有人都值得被善待，有时候我们需要长出"牙齿"，在保持善良的同时，也要有智慧和勇气来保护自己的善意不被利用。

　　善良并不等于软弱，而是一种有力量的品质。当我们面对复杂的社会时，要学会分辨和判断，看清哪些人是真正需要帮助的，哪些人可能有其他隐藏的意图。只有这样，我们才能用智慧来保护自己和他人，不让善良成为被他人利用的弱点。

你知道吗？

　　小朋友们，你们知道吗？善良是一种很可贵的品质，但我们一定要注意，不要让别人利用你的善良，我们的善良只能用来帮助那些真正需要帮助的人，以及真正值得帮助的人，这样的善良才更有价值。

善良小剧场

　　乐乐是个非常善良的孩子，每当同学遇到困难时，他总是第一个伸出援手。然而，他的善良有时会被一些同学利用。有一次，图图没做作业，想让乐乐替他做，于是跑去找乐乐帮忙。乐乐不好意思拒绝，于是答应了。结果，老师发现了这件事，谁知图图意思把责任全部推到了乐乐身上，最后，乐乐被老师批评了一顿。

　　乐乐感到非常委屈，他不明白自己的善良为什么会换来这样的结果。乐乐的好朋友小新知道这件事后告诉他："对人善良是好的，但要学会分辨谁是真正需要帮助的人。"

乐乐的故事告诉我们，善良虽可贵，但学会保护自己是更重要的事。

　　春秋战国时期，心地善良的东郭先生，遇到了一只被猎人追赶的狼。狼向东郭先生求救，东郭先生出于善意，便让狼躲进了他装书的袋子里，以此躲过了追捕。然而，当猎人离开后，狼却从袋子里出来，想要吃掉东郭先生。此时，一位老农经过，他说袋子那么小，不可能装下一匹狼，除非狼再进去示范一次。狼为了证明自己，再次钻入袋子，老农则立刻扎紧袋口，帮助东郭先生教训了这只忘恩负义的狼。

要是没有老农及时伸出援手，东郭先生恐怕早已成了恶狼的腹中餐。由此可见，盲目、无原则的善良不仅无益于他人，反而可能给自己招致祸端，令自己陷入险境。善良固然是一种美德，但若缺乏智慧与警觉，便容易被不怀好意之人所利用。在与别人的交往过程中，我们应学会保护自己，不能因为善良而忽视了对潜在危险的防范。

善良并不意味着我们要无条件地信任和帮助每一个人，而是要用智慧和判断力去区分，哪些人是真正需要帮助，哪些人可能正在利用我们的善良。只有这样，我们的善良才能发挥真正的价值，既保护自己，也温暖他人，让世界因我们的善良而更加美好。

专家有话说

亲爱的小朋友们，当你决定帮助别人时，一定要先了解清楚事情的前因后果，不要轻易相信别人的一面之词。你还要评估自己的能力，看看是否能承担这份帮助带来的责任和后果。如果感到有风险，不要犹豫，勇敢地说"不"。记住，善良不是一味地给予，而是要在保护自己的前提下，理智地选择帮助他人。这样，你的善良才能真正发光发热，既帮助了别人，又保护了自己。

真正的朋友不会让你为难

导言：

　　在日常生活中，我们应当学会辨别谁是真正的朋友，理解并尊重朋友之间的界限。一个真正的朋友，会时刻考虑你的感受和处境，不会强求你去做那些让你感到不舒服的事情。友谊如同一座桥梁，连接着两颗心。但这座桥梁的稳固，离不开相互尊重和理解的基石。只有这样，我们才能共同构筑起一段真挚而持久的友情。

你知道吗？

　　小朋友们，你们知道吗？真正的友谊，是建立在尊重和理解这两块重要的基石上的。因为真正的友情，是会让彼此都感到舒服和快乐的！

善良小剧场

　　小贝和小玉是形影不离的好朋友，他们经常一起玩耍。有一次，班里计划举办一场联欢会，喜欢唱歌的小贝决定参加表演，希望能在大家面前展示自己的才艺。然而，小贝觉得自己一个人上台会太紧张，于是去找小玉帮忙，希望小玉能跟自己一起唱歌。

　　小玉一听，感到非常为难。他并不喜欢唱歌，而且在众人面前唱歌会让他感到尴尬和不自在。但是，小玉又不想让小贝失望，不好意思拒绝他的请求，于是勉强答应了。到了联欢会当天，小贝和小玉一起上台表演。可是，由于小玉太过紧张，唱得很不好。台下的同学纷纷发出嘘声，说他俩唱得很难听，这让小贝和小玉都非常尴尬，小玉更是十分难过。

因为勉强答应了小贝的请求，小玉在众人面前出了丑。这让人想起了魏国的张耳和陈馀，他们感情非常好。在魏国被灭后，他们一起逃亡，彼此信任，互相鼓励，感情更加深厚了。他们共同投奔了陈胜的起义军，跟随陈胜南征北战。

　　后来，秦军反扑，张耳被困在了巨鹿城内，他多次向陈馀求救，但陈馀因为实力不足，没能去救他。虽然张耳最后还是得救了，但他对陈馀没有及时救援感到气愤，觉得陈馀背叛了他。就这样，他们两人的关系逐渐破裂，最后在战场上成了敌人，互相残杀，直到陈馀战死。

从张耳和陈馀的故事中，我们可以看到，友谊需要建立在相互理解和支持的基础上。张耳对陈馀的愤怒，主要是因为在他最需要帮助的时候，陈馀没有及时救援，这让他感觉朋友背叛了他。然而，张耳并没有意识到，他的请求实际上是在为难陈馀，因为陈馀当时也面临着实力不足的困境。

同样，小贝和小玉的故事也说明了这一点。小玉虽然勉强答应了小贝的请求，结果却让大家都不满意。真正的友谊不应该让任何一方感到为难，如果你拿对方当朋友，就应该考虑对方的感受，尊重对方的意愿，而不是勉强对方做他不喜欢做的事情。只有建立在相互理解和尊重的基础上的友谊才能长久。

专家有话说

　　亲爱的小朋友们，真正的朋友是不会让你为难的。当朋友的请求使你感到不适或违背原则时，应勇敢表达你的感受。相信你的朋友会尊重你的立场，不再强求你做你不愿做的事。记住，友谊是相互支持与理解的关系，唯有如此，我们才能得到真正的快乐与满足。另外，请珍惜那些尊重你、理解你的朋友，这样的友谊将更加美好且长久。

包容要有尺度，忍耐要有底线

包容和忍耐这两种美德不应当被没有原则地滥用，我们需要有适当的尺度和底线。过度的包容和忍耐不仅无法真正地解决问题，还会助长不良行为，在某些情况下，甚至让自己受到不必要的伤害。

只有在你与对方相互尊重的前提下，包容和忍耐才能真正发挥其积极作用，才能成为我们与朋友之间的宝贵财富。所以，我们应该学会给自己设置一条底线，这样既能保护自己，又能维护我们跟朋友的友谊。

你知道吗？

小朋友们，你们知道吗？包容和忍耐是很重要的美德，但如果没有底线地去包容和忍耐，就可能让自己受到伤害。我们要学会在适当的时候勇敢地表达自己的感受，这样才能真正解决问题、保护自己。

善良小剧场

　　小文是个老实的孩子，但他的同班同学茶茶却经常欺负他。茶茶总是拿走他的东西，还故意捉弄他。小文一直默默忍受，不想引起冲突。谁知，茶茶见小文不反抗，竟然变本加厉，甚至在小文的课本上乱涂乱画，让他在众人面前出丑。小文心里很委屈，但他又担心告诉老师或父母会让事情变得更糟，于是，他只能选择继续忍耐。

　　茶茶的行为却愈发过分，甚至开始煽动其他同学一起嘲笑小文。终于有一天，小文的好朋友看不下去了，将这件事告诉了老师。老师了解情况后，对茶茶进行了严肃的批评，并要求他向小文道歉。茶茶终于认识到自己的错误，他向小文道歉，并保证再也不欺负小文了。

包容和忍耐虽然是美德，但它们也需要有尺度和底线。小文对茶茶的恶劣行为一再忍让，结果不仅没有促使茶茶改正错误，反而纵容了他的恶行，最终导致了更加严重的后果。

　　在《了凡四训》中也有一个类似的故事。书中记载，某地有一位姓吕的宰相品德高尚。一次，一个同乡因为醉酒而辱骂吕公，甚至大打出手。宽容的吕公没有与醉汉计较。然而，过了一年，这个人因为犯下了死罪而被关进了大狱。吕公知道后，十分后悔，他意识到如果当时自己稍微惩处一下这位同乡，或许就可以避免这个人再犯更大的罪过。他的包容反而助长了对方的恶行，最终导致了不可挽回的后果。

他不是之前欺负我的那个醉汉吗？

通过吕公的故事，我们可以看出，包容和忍耐是需要有尺度和底线的。这不仅是为了保护我们自身权益不受到侵害，也是为了防止对方得寸进尺，继而犯下更大的错误。

在生活中，我们要学会为自己的包容和忍耐设定底线。当我们被不公平对待或者受到的伤害超出底线时，我们就要及时采取应对措施。只有为自己设定底线，包容和忍耐才能发挥真正的作用，让我们在保护自己的同时，也能帮助别人改正错误。

专家有话说

亲爱的小朋友们，包容和忍耐是非常重要的美德，但我们也需要有尺度和底线。如果我们一味地忍让和包容，就会让友谊变质，我们也会在这段友谊中感到痛苦。所以，我们一定要学会勇敢地表达自己的感受，让对方知道哪些行为是我们不能接受的。如果对方毫不在意我们的想法，那我们就要重新考虑这样的朋友是否值得深交了。

不是所有付出，都会有回报

在成长过程中，我们或许经常会发现，付出与回报并不总是成正比的。尽管帮助他人是一种美德，但我们也必须清醒地认识到，有时候我们的付出很可能不会立刻获得回报，甚至根本不会得到任何回报。

所以，在生活中，我们需要学会合理地调整自己的期望，深入理解并坦然接受付出与回报并不总是对等的现实，这是很重要的。只有这样，我们才能更加从容地面对自己善良的行为，不为其是否得到回报而纠结，并且从中获得真正的满足感。

你知道吗？

小朋友们，你们知道吗？有时候，我们帮助别人并不一定会得到回报。但是，帮助别人本身就是一种值得肯定的行为，因为它能带给我们满足和快乐。所以，我们一定要摆正心态，不要"钻牛角尖"。

善良小剧场

小若是个乐于助人的孩子，他总是热心帮助班上的同学。有一次，班里要举行大型环保活动，需要制作宣传海报，小若主动承担了一些额外工作。每天放学后，他都留下来画画和写板书，希望通过自己的努力让活动更加成功。

可是，活动结束后，老师表扬了其他参与的同学，却忘记了表扬小若的贡献，这让小若感到有些失落。他本以为自己的努力会得到更多的认可和回报，但现实并非如此。醒醒见状，安慰小若道："虽然这次没有得到回报，但你的付出是有意义的。我们一起努力让活动变得更好，这本身就值得骄傲的。"

小若的故事告诉我们，并不是所有付出都会收获回报。如果行善是为了得到回报，那么这种善良反而会沦为一种虚伪的表演。《礼记》中记载了一个关于"虚假行善"的故事。

　　春秋战国时期，齐国遭遇饥荒，百姓食不果腹。有个叫黔敖的人，为博取名声，就在路边分发食物给灾民。他生怕别人不知晓他的"善行"，于是大声吆喝："不要钱的食物啊！快来吃吧！"然而，路人都不理睬他。好不容易有位灾民路过，黔敖却以一种高高在上的姿态呼唤他："喂，叫你呢！过来吃！"他本以为会得到灾民的感激与跪谢，却不料灾民瞪了他一眼，毅然说道："我宁可饿死，也不会吃你一口饭！"

《朱子家训》中说："善欲人知，不是真善；恶恐人知，便是大恶。"我们在帮助别人的时候，不能总是期待会有相应的回报，而是应该关注自己的内心是否满足和充实，如果你感觉到快乐，那么你的善良行为本身就是一种奖励。即使你没有得到他人的表扬和回报，也要相信自己的行为是有价值的。人们常说"爱出者爱返"，要相信这种无私的付出会在某个时刻、某个地方以另一种方式回到你的身上。

从长远来看，善良和付出不仅能帮助他人，也能提升我们自身的道德品质和内在修养。付出不求回报的心态，还可以帮助我们培养宽广的心胸和坚韧的性格，这些品质将使我们在未来的生活中受益无穷。

专家有话说

　　亲爱的小朋友们，记住，不是所有的付出都会有回报的，但这并不意味着我们的付出没有意义。不求回报的付出，是一种高尚的品质，也是一种内心的富足。当我们能够平静地面对没有回报的付出时，我们的内心将会变得更加坚定、更有力量。善良的行为本身就是一种美德，无论有没有回报，它都值得我们去坚持和发扬。

远离总在你身上找优越感的朋友

导言：

　　有些朋友总是喜欢在你面前显摆自己的优点，让你感到自己很差劲儿。实际上，这样的朋友只是在通过贬低你来获得优越感。你要知道，真正的友谊是建立在相互尊重和相互支持的基础上的，而不是通过比较和贬低来维系的。

　　在生活中，你需要学会辨别这种行为，并且勇敢地远离那些总是试图在你身上找优越感的"朋友"。因为这样的关系并不健康，也无法带给你真正的成长和快乐。只有远离这样的"朋友"，你才能遇到真正理解和支持你的朋友，获得真正的友谊。

你知道吗？

　　小朋友们，你们知道吗？真正的朋友是那些尊重你、支持你的人，而不是通过贬低你来显得他更好。当我们跟朋友交往经常感到不舒服时，千万不要怀疑是不是自己的问题，可能要考虑一下是否应该远离让你不舒服的朋友。

善良小剧场

　　小莉与小美曾经是亲密无间的朋友，但小美却总爱在小莉面前炫耀自己的成绩和才艺。每当小莉取得一点儿小小的进步时，小美便迫不及待地拿出自己的成绩和表现来与小莉相比，这让小莉感到自己永远不如小美。久而久之，小莉开始自卑，觉得自己无论做什么都做不好。

　　一次，小莉在绘画比赛中获得了二等奖，她兴高采烈地告诉小美，希望得到她的祝贺。然而，小美却不屑一顾地说："哦，才二等奖啊？我上次可是拿了第一名。不过，你能拿到二等奖，也算运气不错了。"听了小美的话，小莉的心情一下子从喜悦变成失落，她意识到，小美从来没有真心为她感到高兴过。

真正的朋友应该是相互尊重和相互支持的，而不是通过贬低对方来获得优越感。历史上有许多这样的友谊故事，其中最著名的莫过于鲍叔牙和管仲的友谊。

　　管仲出身贫寒，但鲍叔牙从未因此而轻视他，反而在他需要帮助时给予无私的支持。每当管仲在事业上遇到挫折，鲍叔牙总是给予他鼓励，从未因他的失败而贬低他，反而一直都坚信管仲的才华。当鲍叔牙被任命为齐国宰相时，他更是毫不犹豫地向齐桓公推荐管仲，坦言自己在治国理政方面不如管仲。最终，管仲得以担任宰相，他不负众望，辅佐齐桓公成就了霸业。

通过鲍叔牙和管仲的故事，我们可以看到，朋友之间应该互相激励，共同进步，而不是通过贬低对方来显得自己更好。真正的朋友应该是那些在你成功时为你高兴，在你困难时支持你的人。

在生活中，我们要学会辨别哪些人是真正的朋友，哪些人只是试图通过贬低你来获得优越感。远离那些让你感到不舒服的人，寻找那些真正理解和关心你的人，这样你才能建立真正的友谊，获得更多的支持和鼓励。真正的友谊就像鲍叔牙和管仲的关系，不会因为彼此的成功或失败而改变，而是会在任何时候都给予对方无私的支持和鼓励。

专家有话说

　　亲爱的小朋友们，真正的朋友会在你遇到困难时给予帮助，在你感到失落时给予安慰，会用心倾听你的话语，理解你的内心世界。与真正的朋友相处，你会感到更加自在和舒适，因为他们懂得尊重你的意见，关心你的情绪。当你遇到那些会主动考虑你的想法、会在意你的感受的朋友时，记得一定要好好珍惜他们，用心维护这段友谊。

第 三 章

你的善良
需要有点儿立场

不和别人比较，你有自己的光芒

导言：

　　你知道吗？我们每个人都是一朵漂亮的花，有着自己专属的颜色和香味。我们不需要跟别人比较谁的花开得更大、更鲜艳，因为每朵花都有它独特的美丽。有时候，我们看到别人的花开得很美，或许会担心自己的光芒被别人掩盖，但别忘记，我们也有自己的光芒，有自己的优点和长处，如果有人拿我们跟别人比较，那我们一定要勇敢地告诉对方："我才不要跟别人一样，我有自己的光芒！"

你知道吗？

　　小朋友们，当我们总是盯着别人的优点看时，往往会忽略了自己的光芒。记住，我们的价值并不取决于自己与别人比较的结果，而是取决于我们应当如何发挥自己独特的才能和潜力。就像一朵花，不需要通过与其他花朵争奇斗艳来证明自己的美丽一样，我们的存在，就证明了我们的价值。

善良小剧场

洋洋是一个性格温和的孩子，总是不想与人发生冲突。他的成绩一直保持在中等水平，体育方面也不突出。同学们经常拿他跟别人比较。每当成绩公布时，就有同学笑着说道："第一和倒数第一都变了，只有洋洋很'稳定'。"体育课上，也有同学打趣："洋洋跑步好像蜗牛。"

洋洋心地善良，从不跟大家计较，可时间长了，洋洋也不免开始拿自己跟别人比较。他觉得自己学习比不过别人，体育比不过别人，手工也比不过别人，他开始越来越沉默，觉得自己就是个一无是处的"笨小孩"。老师得知这件事后，立刻严肃地批评了大家，并且在班会上重点表扬了洋洋作文写得好，画画也很出色。那些曾经嘲笑过洋洋的同学意识到了错误，纷纷跟洋洋道了歉。

洋洋的故事告诉我们，把时间浪费在跟别人比较上，是非常不值得的事。当有人拿我们去跟别人做比较时，我们也一定要坚定立场，告诉对方我们并不喜欢这样，只有如此，才能保持自己的初心，让自己更加快乐。

西晋时期的石崇是一个富豪，他原本是个聪慧勇敢、能谋善断的人，可后来却沉迷于跟别人比较，在斗富这条路上逐渐迷失了自己。王恺是晋武帝的舅舅，他经常跟石崇比谁更富。荒唐的晋武帝为了让王恺获胜，将宫里收藏的一株两尺多高的珊瑚树赐给王恺，让他拿去跟石崇比。石崇根本不服输，他砸烂了王恺的珊瑚树，又搬出许多更高更绚丽的珊瑚，让王恺输得心服口服。后来，石崇犯罪被流放，人们看中了他的家财，合谋要将他抄家灭族。石崇处处争强好胜，最终落得如此下场，实在可悲。

住手！住手！

石崇是个很有才干的人，但他却陷入了跟人比较的泥沼中，每日不思进取，只想奢侈斗富，最终迷失在斗富中，也因富贵而死于非命。可见，我们不能像洋洋一样，因为比较而妄自菲薄；也不能像石崇一样，因为比较而萌生攀比之心。真正的幸福和满足来自于内心的平和与满足，而不是靠与人比较获得。

每个人都有自己的独特之处和价值所在，不必与他人比较来证明自己的价值。我们应该专注于自己的成长和进步，发挥自己的独特才能和潜力。同时，我们也应该尊重他人的差异和选择，不以自己的标准去评判他人或强求一致，这样才能更加快乐地成长。

专家有话说

亲爱的小朋友们，相信大家已经明白了跟他人比较的坏处，但我们也要明白，比较和竞争是两回事。一味跟他人比较，却不懂得客观思考，不懂得积极进取，这是不对的。可如果能反思自己的不足，勇敢跟他人良性竞争，跟大家共同进步，这就是很棒的表现了。

远离干扰，你要自己做决定

　　小朋友们，你们是否常常在做决定时被别人的意见所左右？有时候，朋友、家人和老师的意见都会对我们产生很大的影响。虽然他们的建议可能是出于善意，但最终的决定权在我们自己手中。远离干扰，自己做决定，这样才是对自己的选择负责。

　　无论是在学习还是生活中，我们都需要学会独立思考。别人可以给我们建议，但不能替我们做决定。只有我们自己才最了解自己的需求。学会在众多意见中保持冷静，听从内心的声音，是成长过程中非常重要的一课。

你知道吗？

　　小朋友们，你们知道吗？在生活中，我们常常会遇到各种各样的意见和建议。对于这些建议，我们要学会甄别，独立思考，勇敢做出决定，这不仅是对自己负责，也是成长的重要一步。

善良小剧场

　　阿舒十分喜欢跳舞，她从小就梦想有一天能成为一名优秀的舞蹈家。一天，学校要选拔一名学生参加市里的舞蹈比赛，阿舒非常想参加。但她的好朋友却劝她放弃，好朋友还吐槽阿舒的实力不够。妈妈也在旁边附和，因为妈妈希望阿舒能多花时间在学习上，不要分心去练习舞蹈。

　　阿舒一开始很犹豫，她知道自己的跳舞水平有待提高，也知道对于学生来说学习更重要，所以她迟迟下不了决心。可是，经过一番思考后，阿舒还是决定听从自己的内心，因为她热爱舞蹈，愿意为此付出努力，也不害怕失败。于是，她每天放学后坚持练习舞蹈，努力提升自己的水平。最终，阿舒在校园舞蹈大赛上脱颖而出，成功通过了选拔。

我一定要努力通过选拔。

校园舞蹈大赛

阿舒的成功源自她的不懈努力，也在于她勇敢地遵循内心的声音。假如她采纳了好朋友的建议放弃比赛，或是遵从妈妈的期望专心于学业，或许就无法实现她的舞蹈梦想。

先秦时期，邾国人习惯以帛为绳，连结甲裳。一天，大臣公息忌向国君进言："帛质粗宽，所制甲裳既不灵便又易沾污；相比之下，丝线成本低廉，且更为灵便耐用。"国君听后，点头称赞。公息忌立刻吩咐家人制备丝线。然而，听闻有人说公息忌此举是为了高价售卖家中丝线后，国君又改弦更张，决定重用帛绳，工匠们无奈，只得重新忙碌一番。

通过邾国国君的故事，我们可以看到盲目地听从别人的建议，而不进行独立思考，就很可能导致错误的决定。国君没有仔细甄别公息忌的建议，也没有深入了解丝线和帛的优缺点，结果做出了错误的决定。这不仅增加了国家的成本，还让工匠们受了更多的苦。

在生活中，我们也会遇到许多不同的意见和建议。这时，我们需要冷静思考，独立判断，不要轻易被他人的观点所左右。我们要学会远离干扰，听从内心的声音，独立做出决定，并承担自己的选择带来的后果。只有这样，才是真正对自己的生活负责。相信自己，勇敢地做出决定，你会发现，生活将变得更加充实和有意义。

专家有话说

亲爱的小朋友们，当你们面对选择和决定时，记住要学会甄别各种意见和建议。并不是所有的建议都适合你们，有时候别人的建议可能会对你产生误导。因此，独立思考非常重要。你们需要通过自己的判断来做决定，不要盲目听从别人的意见。相信自己的能力，学会独立思考和做决定，这样才能真正掌握自己的生活，成为更加自信和独立的人。

懂事的你也要勇敢表达

导言：

做一个懂事的孩子是一件非常好的事情，这意味着你们能够理解别人的感受，知道怎样做是对的。但是，懂事并不意味着你要一直忍让，特别是当有人欺负你的时候。如果有人欺负你，让你感到不开心或者害怕，你一定要勇敢地说出来。这不是不懂事，反而是保护自己、爱护自己的表现。

如果你觉得自己处理不了目前的状况，那你一定要告诉老师或者爸爸妈妈。他们会很乐意帮助你的，因为他们最希望看到的不是你很懂事，而是你平安、快乐地生活。

你知道吗？

小朋友们，勇敢表达自己并不是不懂事，反而是非常必要的。你要相信，无论什么时候，你都有权利说出自己的感受，保护自己不受伤害。你要区分懂事和软弱的区别，不要因为想做一个懂事的孩子，就让自己默默忍受欺负。

善良小剧场

晓关是个十分懂事的孩子。在学校里，他总是尽量做到最好，希望老师和同学们都喜欢他。可是，偏偏有的同学因为晓关太懂事而捉弄他，还威逼利诱，让晓关成了他们的"小跟班"，整日帮他们拿书包、抄笔记。晓关心里很难过，但他不想给老师和爸爸妈妈添麻烦，也不想被大家评价为"不懂事"，所以选择了默默隐忍，没有告诉任何人。

好在，爸爸妈妈很快发现了晓关的变化。在一番细心的询问下，晓关终于忍不住哭了出来，告诉了爸爸妈妈自己在学校里的遭遇。爸爸妈妈听后非常心疼，妈妈紧紧抱住晓关："孩子，你不需要这么懂事，你不需要一直忍受别人的欺负。你有权利保护自己，有权利说出自己的感受。"晓关眼含泪水，使劲点了点头。

从那以后，晓关变得勇敢了许多。当他再次遇到同学的欺负时，他不再隐忍，而是勇敢地站出来，告诉那些同学："请不要这样对我。"晓关的改变让爸爸妈妈感到非常欣慰。他们知道，他们的孩子，正在成长为一个既懂事又勇敢的人。

战国时期，赵国有一位名叫蔺相如的人，他虽然儒雅谦和，但总能勇敢地表达自己的想法，他还因为这个优点保全了赵国颜面呢。当时，秦王得知赵国有一块稀世珍宝——和氏璧，便心生贪念想要据为己有。他派遣使者前往赵国，提出愿意以十五座城池来交换和氏璧，赵王便派蔺相如带着和氏璧前往秦国。到了秦国，蔺相如发现秦王根本不想用城池交换，只想把和氏璧骗到手。于是，他一改往日儒雅的样子，据理力争甚至威胁秦王。最终，他成功地保住了和氏璧。

有时候，我们可能会觉得，为了得到大家的喜欢和认可，我们需要变得很"懂事"。所以，我们总是考虑别人的感受，而忽略了自己的想法。久而久之，我们就会养成逆来顺受的性格。如果总是这样逆来顺受，我们就会感到很委屈，因为我们的想法和需求总是被忽略。我们还会失去自信，开始不知道自己到底想要什么，也不知道如何为自己争取。

更重要的是，如果我们表现出逆来顺受的样子，别人就会觉得我们的想法和需求并不重要，他们可能会更加不尊重我们，甚至欺负我们。所以，不要总是为了迎合别人而忽略了自己。当然，这并不是说我们应该变得自私或者不顾及别人的感受，而是要学会在关心别人的同时，也关心和保护自己。

专家有话说

　　亲爱的小朋友们，如果你总是太在意别人的看法，总是委屈自己去迎合别人，那么你不但会感到很累，还会失去很多快乐。你知道吗？真正的朋友和家人，是不会因为你表达了自己的真实想法而不喜欢你的。相反，他们会更加欣赏你的真诚和勇气。所以，不要害怕说出自己的想法和感受，勇敢地表达出自己的心意吧。

助人为乐，需要量力而行

"助人是快乐之本，助人为乐是一种美德。"我们上小学以后，总会在书本上、在老师和爸爸妈妈日常教导中，听到"助人为乐"这四个字。可是，助人为乐有一个重要的前提，那就是懂得量力而行。

正所谓"初生牛犊不怕虎"，作为未成年人的我们，总是喜欢高估自己的能力，希望能变成拯救世界的超人。可是，这何尝不是一种莽撞的表现呢？如果我们因为助人而伤害到自己，那不但我们会很苦恼、很为难，爸爸妈妈也会很难过的。所以，在助人为乐之前，我们一定要先保证自己的安全哦！

你知道吗？

小朋友们，你们知道助人为乐是什么吗？助人为乐就是在别人需要帮助的时候，能够伸出援助之手，给予他们关怀和帮助，这是一种非常美好的品质。但是，在助人之前，我们也要明白一个道理，那就是量力而行。

善良小剧场

淘淘是一个热心肠的孩子，总是乐于帮助同学。一天，玥玥的笔芯用完了，淘淘立刻把妈妈给他新买的笔芯整盒送给了玥玥，看着她感激的笑容，淘淘心里也美滋滋的。

可是，好事似乎变成了坏事。第二天，好几个同学都来向淘淘要笔芯，为了不让大家失望，淘淘只好拍着胸脯答应了。淘淘数了数自己的零用钱，发现这些钱只够买一盒笔芯的，没办法，淘淘只好去求妈妈。

妈妈听完淘淘的请求后，严肃地告诉淘淘，虽然助人为乐是好事，但也要学会量力而行。如果把所有的东西都送出去，不但自己没有笔芯，还会"惯坏"别人，让别人觉得接受你的好意是理所当然的。

淘淘听后，立刻意识到自己做错了。妈妈告诉淘淘，既然已经答应了别人，就要做到言而有信。不过，这次购买笔芯的费用会从淘淘下个月的零用钱里扣，让淘淘明白助人为乐也是要有限度的，否则不仅别人不会感恩，还会让自己陷入困境。

　　在助人为乐这方面，大书法家王羲之就做得很好。

　　王羲之很少给人写字，他的书法可以说是千金难求。一天，王羲之在路上遇见了一位贫苦的老婆婆，正提着一篮竹扇在集市旁边叫卖。可是，老婆婆喊了很久，都没有人来买她的扇子的。王羲之看到后，便挥笔在扇子上留下墨宝。人们看见扇子上有王羲之的题字，纷纷掏钱把扇子抢购一空。

对王羲之来说，帮助老婆婆不过是举手之劳。他不需要耗费大量时间和精力，也不影响他自身的生活和创作，却能产生极大的效果，帮助他人渡过难关。这种量力而行的方式，才是助人为乐真正的意义。

在帮助他人之前，我们应该对自己的能力进行客观评估。每个人的能力和资源都是有限的，如果盲目地伸出援手，就有可能导致自身的负担加重。

我们也应该学会对不合理的求助说"不"，因为我们没有必要去满足所有要求。有些时候，明确而坚定的拒绝也是一种负责任的表现。

助人为乐是值得提倡的美德，但在帮助他人的同时，一定要考虑自己的能力范围。只有这样，才能既帮助到他人，又不让自己受到伤害。

专家有话说

　　亲爱的小朋友，你知道吗？跨越太宽的坑，反而会掉进坑里；从太高的地方跳下来，就会摔痛、摔伤；话说得太满，就会被大家笑话；承诺太多、太难的事情，只能是自讨苦吃。所以，助人为乐一定要量力而行，否则不但不会让别人感激，还会伤害自己，也伤害到身边的人。

"和稀泥" 得不到好人缘

导言：

　　当同学之间发生争执的时候，你是否会因为善良而选择站在中间"和稀泥"，希望大家都能和好如初呢？虽然这看起来是一种解决冲突的方法，但实际上，"和稀泥"并不能真正解决问题。它只会让问题变得更加复杂，让双方都感到不公平。

　　在生活中，当我们遇到冲突和争执时，要学会公正地处理问题。我们要倾听每个人的声音，理解他们的立场，然后做出公正的判断。只有这样，我们才能真正建立良好的人际关系，让每个人都能得到应有的尊重和理解。

你知道吗？

　　小朋友们，你们知道吗？在面对冲突时，我们一定要有自己的立场。如果你觉得这件事某人的做法是对的，那就要勇敢站出来支持他；如果你觉得这件事某人做得不对，那你就要勇敢反驳，而不是主动迎合对方。正直的人才能拥有好人缘。

善良小剧场

　　小黎是班上很受欢迎的同学，因为他总能调解同学之间的纠纷。一天，小时和安安因为一本漫画书而争执不下。小黎决定再次施展调解才能，提议由他保管漫画书，两人轮流看。小黎的办法虽然暂时平息了争执，但其实小时和安安心里都不服气，都觉得自己受了委屈。后来，他俩的矛盾反而更深了。

　　这时，小黎才意识到之前的调解并未真正解决问题。他决定分别与小时和安安谈话，深入了解事情经过。经过仔细询问，小黎发现是安安误会了小时，以为小时想长时间占有漫画书。于是，他鼓励两人坦诚交流，说出各自的想法。最终，安安和小时解除了误会，重归于好。这次经历也让小黎明白，解决问题不能总靠"和稀泥"。

"和稀泥"并不能真正解决问题，反而会让事情变得更糟。在这一问题上，小黎应该学习一下北宋政治家司马光，他是一个非常讨厌"和稀泥"的人，他在《资治通鉴》中严厉批评了爱"和稀泥"的贡禹。

　　汉元帝登基后，启用了贤者王吉和贡禹。当时朝廷内最大问题是外戚和宦官专权，但当汉元帝问贡禹对国家大事有什么意见时，贡禹却对皇帝说，请他注意节俭，因为勤俭才能治国。汉元帝本性节俭，一听这话心里非常高兴。司马光认为，贡禹应该指出国家的严重问题，而不应挑皇帝喜欢的话说，这种"和稀泥"的行为对汉王朝发展有害无益。

汉元帝重用贡禹，是希望他能够帮助自己更好地治理国家，而不是想听他说好听的话。但贡禹不但没有为国家发展建言献策，反而依靠"和稀泥"来明哲保身，这并非忠臣所为，也是为君子所不齿的。

通过贡禹的故事，我们可以看到，真正的善良在于勇敢地指出问题，帮助解决问题，而不是一味地调解和妥协。真正的善良并不是迎合每一个人，而是在面对矛盾时，勇敢地指出问题的关键所在，通过积极有效的方式真正解决问题，这样才能促进事情向好的方向发展。

专家有话说

亲爱的小朋友们，"和稀泥"并不能让你收获好人缘，因为善良的基础是正直和公正，而不是一味地迎合和妥协。记住，真正的善良是敢于面对问题并解决问题，这样才能让大家真正感受到你的善意。不要害怕表达自己的看法，坚持自己的原则，因为只有这样你才能成为真正被信任和尊重的人。

第四章

优柔寡断，
不等于善良

果断的你，真的好酷

优柔寡断往往会让我们错失良机，甚至让别人觉得我们没有主见。相比之下，行事果断则非常重要，它可以帮助我们更好地面对生活中的各种挑战，也可以帮助我们更好地实现梦想。

在生活中，我们需要学会果断地做决定，不要因为害怕失败而犹豫不决。果断并不意味着冲动，而是在充分思考和权衡利弊后做出的明智选择。果断的人能从容地面对生活中的各种问题，赢得别人的尊重。

你知道吗？

小朋友们，你们知道吗？真正的善良不是优柔寡断、顾虑太多，而是总能果断做出正确决定。因为善良的人会带给别人正面的影响，而不是因为犹豫不决让对方为难。我们要学会在适当的时候果断地做出决定。

善良小剧场

　　小如是个天资聪颖的孩子，却常因犹豫不决、害怕犯错而错失机会。在一次班级辩论代表的选拔中，老师极力推荐他，但他却犹豫不决。他既担心表现欠佳会让老师失望，又害怕自己参与比赛会占用其他同学的机会，结果，直到比赛将近，他都没能做出决定。无奈，老师只好临时推荐了另外一个同学参加比赛。

　　参加比赛的同学因为没有做足准备，只拿了倒数的名次回来。同学们纷纷埋怨小如犹豫不决、优柔寡断。更有人讥讽他畏缩不前，胆小如鼠。小如非常懊悔，他的优柔寡断不仅未赢得同学的尊重，反而令大家失望了。

遇事过于谨慎犹豫，往往会错失良机，不但让自己后悔，也让他人失望。真正的善良不是优柔寡断，而是勇敢果断地做出决定。在这一方面，我们应该向北宋时期的文学家司马光学习。

　　司马光还小时，与小伙伴们在后院欢快地玩耍。院子中央摆放着一口硕大的水缸，一个调皮的小孩试图攀上缸沿嬉戏，却意外失足跌入缸中。其他孩子见状惊慌失措，有的哭喊、有的急忙跑回家去。然而，司马光却果断做出决定。他迅速从地上捡起一块大石头，用尽全身力气向水缸猛砸。"砰"一声巨响，水缸应声而破，那个溺水的小孩也得以脱险。

司马光在危急时刻的果断决定，成功解救了溺水的小伙伴。这一英勇举动体现了他的勇气和担当，也展现了他冷静、智慧的一面。通过这一故事，我们可以知道，在关键时刻迅速做出决策，往往能够扭转乾坤，化险为夷。

要成为一个能够果断决策的人，首先，要注重平时的思考和总结，通过深入思考，我们能够更好地理解问题的本质，为未来的决策打下坚实的基础。其次，要想在关键时刻能够果断决策，只有将平时积累的智慧和经验运用到实际中，才能在紧要关头迅速做出正确的判断。司马光的英勇行为，正是他平时积累和果断行动的表现。

专家有话说

　　亲爱的小朋友们，果断决策是一种重要的能力，它能够帮助我们在复杂多变的环境中迅速做出反应，把握机遇，迎接挑战。通过不断地学习和实践，我们可以逐步提升自己的决策能力。即使结果有时不尽如人意，我们也不必过于自责或后悔，因为每一次果断的决策都是一次宝贵的成长经历，都是我们人生旅程中不可或缺的一部分。

敢于示弱，不代表你软弱

导言：

　　敢于示弱，并不意味着软弱或无能。相反，这是我们愿意正视自己的不足，并主动寻求改变的表现。生活中，每个人都会面临困难和挑战，而敢于示弱就是在面对这些问题时勇于承认自己的局限，不害怕向他人寻求帮助。

　　世界上没有绝对完美的人，每个人都有自己的长处和短处。通过示弱来暴露自己的弱点，不但有助于更快地找到解决问题的方法，还能促进人与人之间的沟通和理解。我们只有愿意展示真实的自己，才能吸引那些愿意伸出援手的人。

你知道吗？

　　小朋友们，你们知道吗？敢于示弱不是软弱的表现，而是一种很高级的智慧。它能让我们在困境中保持冷静和坚韧，让我们通过外界的力量变得更加坚强。同时，敢于示弱也是自信的体现，让我们能够更游刃有余地和大家交往。

善良小剧场

蒙蒙是班上的体育小明星，无论是足球、篮球还是田径，他总能以出色的表现赢得同学们的喝彩。因此，当学校宣布要举办篮球比赛时，蒙蒙自然而然地被大家推选为队长。然而，就在比赛的前几天，蒙蒙不慎扭伤了脚踝。但蒙蒙不想放弃这次难得的比赛机会，于是他选择隐瞒伤情，带伤上场。

比赛当天，伤情影响了蒙蒙的速度和灵活性，他的表现远不如平时。最终，他们班输掉了比赛。比赛结束后，同学们才得知蒙蒙带伤上场的事情，虽然他们当面没有说什么，但私下里都在议论是蒙蒙太爱逞强，才导致了这样的结果。蒙蒙听到这些议论，心里很不是滋味。

逞强解决不了问题，反而会让情况变得更糟糕。如果蒙蒙能早些说明自己的情况，与大家一同商量对策，结果或许会完全不同。

明代思想家王阳明就是一个懂得示弱的人。明武宗正德十四年（1519），宁王朱宸濠叛乱。王阳明率军平定了这场叛乱，但宫中太监竟怂恿皇帝释放宁王，以便皇帝能亲自平叛，同时还散布谣言，诬陷王阳明。

王阳明深知，一旦宁王逃脱，再次抓捕他将非常困难。同时，他也清楚太监总管张勇的贪婪与狭隘。因此，他决定向张勇示弱，主动将平叛的功劳给予张勇。张勇在得到好处后，极力斡旋，最终成功化解了这场危机。

一切仰仗公公了。

没问题！不过，你真舍得把功劳给我？

王阳明通过巧妙的示弱，既确保了自身与民众的安全，又彰显了其卓越的智慧与广阔的胸怀。这个故事告诉我们，恰当的示弱并非怯懦，而是一种策略性的退让，可以借此达到化解危机的目的。敢于示弱的人，能够明智地区分事态的紧急性，懂得在无谓的争斗中选择示弱，这不仅无损于个人尊严，反而更凸显其智慧与风采。

在平日生活里，我们也应坦然面对自身的不足，勇于示弱。这种沉稳而不争的态度，体现了一种成熟稳重的修养。适时示弱，远比尖锐对立来得更有风度；淡然一笑，也比无休止的争论更显气量。可见，示弱不但是我们克服困境的助力，更是我们认识自我的成长阶梯。

专家有话说

亲爱的小朋友们，敢于示弱是一种难能可贵的能力。有时候，我们并不需要一直坚强，适时的认输并不等同于懦弱，反而是一种对自己能力的清醒认知；低头示弱也不意味着怕事，而是代表了一种高尚的境界。记住，示弱是一种智慧，它能够赋予我们面对困境的力量。敢于示弱，我们才能找到解决问题的方法，才能变得越来越出色。

过分自我反省并不会带来进步

自我反省是成长不可或缺的一环，它让我们有机会审视自己的行为，认识并改正错误。然而，当反省变成过度的自我批判，我们可能会陷入深深的自责中，这不仅无法推动我们前进，而且可能成为进步的绊脚石。过度的反省还会削弱我们的自信，让我们在自我怀疑中徘徊，无法摆脱负面情绪的束缚。

因此，要想真正地进步，我们必须把握好反省的度，既要勇于反思自己的错误，又要避免陷入无休止的自责中。只有这样，才能在反省的道路上不断前行，实现自我提升和成长。

你知道吗？

小朋友们，你们知道吗？反省的最终目的是让我们变得更好，而不是让我们在自责的旋涡中迷失方向。因此，我们要学会适当适度地反省自己，及时调整，而不是一味地责备自己。

善良小剧场

　　小东是学校足球队中的前锋，每次比赛都是球队进攻的核心。然而，在一场重要的足球比赛中，他的表现却不尽如人意。他多次错失进球良机，让球队最终以微弱的差距失利。赛后，小东一直沉浸在自责中，他无法原谅自己在比赛中的失误。他反复回想每一个细节，思考为何没能把握住那些关键的进球机会，觉得自己应该对球队的失败负全部责任。

　　这种过度的自我反思开始影响他的情绪和状态。随着时间的推移，小东的情绪越来越低落，原本阳光开朗的他变得沉默寡言。在训练中，他也不再像以前那样积极投入，甚至时常出现心不在焉的情况。

适当的自我反省是必要的，但过分自责却会让我们失去自信，无法进步。在这一方面，小东应该好好跟孔子的弟子曾参学一学，他虽然每天都多次反省自己，却从不过分反省。

春秋时期，孔子的弟子曾参勤奋好学，深得孔子的喜爱。有人曾好奇地问曾参：为何你能如此神速地进步？曾参说道：我每天都会多次反省自己的言行。我会思考，在替人办事时是否已竭尽全力？在与朋友的交往中是否存在不诚信之处？对于老师所传授的知识，我是否已经真正掌握并学以致用？每当发现自身存在不足之处，我会立刻着手改正。

白天我不该跟他吵架，但这件事的确错不在我。

曾参的反省方式不仅全面，而且恰到好处，这种适度的自省使他能够稳步前进，同时也能够避开自我苛责的误区。对于小东来说，学习曾参这种适度的反省方法将有助于他在遇到困难和挫折时保持冷静与自信。通过分析自己在比赛中的表现，小东可以准确找到自己的不足，并设法进行改进。同时，他也应该继续发挥自己在足球方面的优势，并以更加积极、自信的心态去迎接每一个挑战。

反省的目的在于找到解决问题的方法，而不是让我们陷入对错误的反复纠结中无法自拔。因此，我们要学会在反省之后迅速调整自己的心态。只有这样，我们才能在挫折中不断积累经验，实现自我提升。

专家有话说

亲爱的小朋友们，反省是我们成长道路上不可或缺的一环，它能帮助我们识别错误，找到进步的方向。然而，我们也要明白，过分的自责和苛求完美只会让我们停滞不前，陷入无尽的焦虑之中。当遇到挫折和失败时，我们要学会适度反省，理性分析问题产生的原因，寻找改进的方法，而不是一味地责怪自己，陷入自我否定的旋涡。

不要活在别人的肯定里

每个人都有自己独特的价值和魅力，这是我们与生俱来的财富，因此，我们无须依赖他人的肯定来证明自己的存在。自信和独立，是我们在成长过程中必须培养和坚守的重要品质。只有当我们学会相信自己，深刻认识到自己的价值时，我们才能真正感受到内心的自由和快乐。这种自由和快乐，不是来自外界的评价，而是源于我们对自己的认同和接纳。

因此，让我们勇敢地做自己，不受他人眼光的束缚，绽放属于自己的独特光彩。

你知道吗？

小朋友们，你知道吗？我们不需要依赖他人的赞许来证明自己的价值。只要相信自己，努力做最好的自己，你就是最棒的。要记住，真正的自信源自内心，而非外界的认可。勇敢做自己，才能收获快乐与幸福。

善良小剧场

阿梓是班上的文艺骨干，平时在各种表演中总是表现得非常出色。然而，她一直渴望得到更多人的肯定，因此在每次表演前都非常紧张。

有一次，学校举办了一场文艺会演，阿梓被选为活动主持人。为了这次活动，阿梓精心准备，付出了大量的精力。然而，就在上台的前一刻，阿梓突然感到前所未有的紧张。但她还是努力调整自己的心态，让自己保持冷静。演出开始后，阿梓按照事先准备好的流程，顺利地完成了主持任务。她的表现得到了现场观众的热烈掌声，但在台下，她还是听到了几个同学对她的表现指指点点。这些评论让她感到非常失落，她开始怀疑自己的能力。

过度在意他人的评价会削弱我们的自信心，甚至可能让我们在人生的道路上迷失方向。如果阿梓能像春秋时期的杰出外交家晏子那样，坚守自我，不为外界评价所动，她就不会感到失落了。

　　晏子出使楚国时，楚王先是以身材矮小为由，试图让他从小洞进入。接着，楚王又试图通过指责齐国无人来羞辱晏子，但被晏子以齐国人才济济的事实予以有力反驳。之后楚王绑来一个"犯偷窃罪"的齐国人，询问晏子齐国人是否善于偷窃。晏子则以"橘生淮南为橘，生于淮北则为枳"的比喻，巧妙指出环境对人的影响，暗讽楚国环境造成人民偷窃。晏子的智慧与自我肯定，使他成功化解了楚王的羞辱。

通过阿梓和晏子的事例，我们可以看出，只有当我们学会自我肯定，不再被他人的评价所左右时，才能真正找到自己的方向。

在生活中，我们要学会独立思考，坚定自己的信念。每个人都有自己独特的价值，不需要通过他人的评价来证明。自我肯定不仅能让我们更加自信，还能帮助我们更好地面对挑战。当我们不再依赖他人的评价时，我们的内心会变得更加坚强，不会轻易被外界的言论影响到心情。这样的我们，才能在各种复杂的环境中保持冷静和坚定，做出正确的判断和选择。

专家有话说

　　亲爱的小朋友们，自信和独立是非常重要的品质。你们不需要依赖他人的肯定来证明自己的价值。相信自己，认识到自己的独特之处，你们会发现，真正的快乐和满足来自内心。不要让他人的看法左右自己，要坚定自己的信念，做最好的自己。通过不断地自我肯定和坚持，你们一定会变得更加坚强和成熟。

可以"好说话"，但不能没脾气

导言：

　　小朋友们，你们是否也有这样的情况？为了避免冲突，总是一味地选择退让，给人一副"好说话"的样子，不敢表达自己的真实想法……其实，"好说话"是一种美德，但如果我们总是没有脾气，什么事情都退让，就容易让别人误解我们没有原则，从而忽视我们的真实感受。

　　因此，我们需要找到"好说话"和"有脾气"之间的平衡，既要温和友善，也要在必要时坚定地维护自己的权益。

你知道吗？

　　小朋友们，你们知道吗？"好说话"是一种美德，但我们也不能总是退让，而忽视了自己内心的真实感受。"好说话"不但会耗费我们的时间和精力，也会让我们更难获得别人发自内心的尊重。

善良小剧场

　　小浩是班里的老好人，他乐于帮助别人，对谁都是客客气气的样子。无论同学请他帮忙做值日、借笔记，还是在小组活动中加班加点完成任务，他都一一应允，从不拒绝。时间一长，同学们开始理所当然地指使他做事，甚至在他无法帮忙时，还会责怪他。

　　一次，小浩因为要写作业，实在没时间帮同学完成手工任务。可那位同学却不满地指责："小浩，你怎么这么不讲义气？平时让你帮忙都没问题，现在这么点儿事都不肯帮了，我真是看错你了！"小浩感到非常委屈和生气，可是，已经习惯当一个老好人的他，却想不出任何话来反驳同学，只能坐在一边生闷气。

适度地表达自己的感受和立场是非常重要的。不应因为怕麻烦别人或希望维持和谐而一味地退让。过于"好说话"，可能会让人忽视甚至不尊重我们的真实需求。

孝静帝是北魏时期的一位皇帝，他性格老实本分，沉雅明静，对谁都十分和气。谁知，权臣高欢见孝静帝如此儒雅温和，便几次三番试探孝静帝的底线。孝静帝因为性格原因和畏惧高欢的权力，一直默默容忍高欢的行为，他甚至为了表现出顺从的一面，主动要求册封高欢的二女儿为自己的皇后。可是，面对孝静帝的讨好，高欢丝毫不为所动，反而变本加厉，让其家族在朝中肆意妄为，后来，孝静帝被高欢之子高洋逼迫退位。退位第二年，高洋用一杯毒酒，结束了孝静帝的生命。

早知如此，当初就该好好弹压高氏一族。

通过小浩和孝静帝的故事，我们可以发现"好说话"和有脾气并不是对立的，我们需要在两者之间找到平衡。"好说话"是一种美德，但如果我们总是退让，不敢表达自己的真实想法，长此以往，我们的感受和需求可能会被忽视，甚至会被误解为软弱。

所以，在生活中，我们一定要学会坚定地表达自己的意见和感受。对待朋友和同学，我们要友好、善解人意，但这一切都要建立在我们同样得到尊敬和善待的前提下。这样一来，我们彼此的关系才是平等的。但是，坚定地表达自己的意见并不意味着要发脾气或冲动行事，而是要在合适的时机，以合适的方式表达出来。

专家有话说

亲爱的小朋友们，或许你会觉得，"好说话"、好脾气的人会有好人缘。但你要知道，如果你所谓的好人缘要靠你一味忍让来获取，那这份好人缘就是虚假的、脆弱的。在跟朋友相处的过程中，你要学会相信自己，勇敢地表达自己的真实感受，也只有这样，你跟朋友之间的关系才能变得更加和谐和美好。

第五章

学会拒绝，
是你变强大的开始

善良是你的天性，更是你的选择

导言：

在我们闪闪发光的美好品质里，善良无疑是非常温暖且耀眼的，它是我们与生俱来的天性，也是我们在成长道路上需要坚持的美好品质。

但是，善良并不意味着要委屈自己，而是在尊重和理解自己的基础上，去关爱和帮助他人。善良是我们的天性，却不是我们的负担。在面对我们不喜欢的事情时，我们一定要学会说"不"，这样才能在必要的时候保护自己，也能在他人需要帮助的时候，更有能力伸出援手。

你知道吗？

小朋友们，人们都说"人之初，性本善"。善良不只是我们的天性，更是一种主动性选择。因为善良并不意味着我们要无原则地牺牲自己。有时候，过度的善良反而会让别人觉得理所当然，甚至被利用。

善良小剧场

林林是一个非常听话的孩子，妈妈总是教育他要善良、要乐于助人。林林很听话，一直尽力去帮助别人，因此在学校里，他成了大家公认的老好人。可是有一天，林林在操场上玩儿的时候，遇到了一个高年级的同学。这个同学看林林好欺负，就故意把林林的玩具抢走了，还嘲笑他。林林虽然很生气，但是想到妈妈说要善良，就没有反抗，只是默默地忍了下来。

放学后，林林回家把这件事告诉了妈妈。妈妈听了之后，温柔地对林林说："林林，你要记住，善良也是有选择的。当别人欺负你的时候，你就不需要再对他善良了。你要勇敢地站出来，保护自己，把事情告诉老师或者爸爸妈妈。"

林林听了妈妈的话，明白了善良并不意味着要一直忍受别人的欺负。第二天，林林把这件事告诉了老师，那个高年级的同学被老师批评教育了一番，之后再也没有欺负过林林。林林明白了，善良并不意味着要一直忍受他人的无理行为。真正的善良是要有锋芒的，要保护自己，也要帮助真正需要帮助的人。

刘邦建立汉朝后，为了巩固皇权，开始清除异姓诸侯王，其中就包括韩信。韩信忠心耿耿，心存善念，始终不信刘邦会对自己下狠手。可让他没想到的是，他的一次次忍让却换来了刘邦的肆无忌惮，最终，韩信被他最信任的丞相萧何骗入宫中，死在了一群宫女手里。

韩信是一个非常善良和忠诚的人，他对刘邦忠心耿耿，多次立下赫赫战功。但是，他的善良和忠诚并没有得到应有的回报。相反，他因为善良和信任，被吕后和萧何诱骗入宫，最终被杀害。可见，我们不能一味地只知道做"老好人"，而是要在保持善良的同时，学会保护自己。

善良是一种美好的品质，它让我们愿意帮助别人，关心别人。但是，善良并不意味着我们要无条件地相信别人，或者忍受别人的欺负和伤害。如果韩信在入宫之前，能够选择更加警惕，或者提前部署好后路，也许他就不会遭遇这样的结局了。

专家有话说

亲爱的小朋友们，善良意味着在别人需要帮助时，我们愿意伸出援手，哪怕只是一句鼓励的话语；意味着在面对不公时，我们敢于发声，哪怕声音微小；意味着在诱惑面前，我们坚守原则，选择做正确的事，哪怕这是一条更加艰难的路。但这一切的前提，都是不委屈自己。我们要记得，不能因为善良而失去自我，这才是对自己负责的表现。

想说"不"的时候，千万别说"行"

导言：

在日常生活中，我们经常会遇到各种各样的人和事。有时候，我们也会遇到一些自己不想做或者不愿意做的事情，但是由于各种原因，我们可能会勉强自己说"行"。然而，我们一定要记住，在自己想说"不"的时候，千万别说"行"。

这并不意味着我们要变得冷漠或者自私，而是要在保持善良的同时，学会辨别是非，学会在遇到危险或者不公平的事情时，勇敢地站出来保护自己。我们要勇敢地说"不"，不能因为善良就默默地忍受，重要的是要顺从自己的内心。

你知道吗？

小朋友们，学会说"不"并不是一件容易的事情。有时候，我们会因为担心拒绝别人会让对方感到不开心或者失望，而勉强自己说了"行"。但是，我们要明白，每个人都有自己的喜好和选择，我们有权利拒绝做自己不愿意做的事情。而且，真正的朋友一定会尊重我们的选择。

善良小剧场

一天放学，小唯正准备往家赶，因为那天晚上电视会播放她特别想看的动画片。可就在这时，同学思思喊住了她，说："小唯，你能帮我一起打扫卫生吗？我一个人可能忙不过来。"小唯心里其实很想回家看动画片，但她看着思思期待的眼神，又想着平时思思也经常帮自己，于是不好意思拒绝，就勉强答应了。

结果，小唯和思思一起打扫卫生时，因为心里惦记着动画片，她打扫得心不在焉，很多地方都没弄干净。而思思也因为小唯的分心而有些不满。最后，动画片没看成，卫生也没打扫好，思思还埋怨了小唯一番。小唯心里别提有多后悔了，她觉得自己真是费力不讨好。

季孙意如在位期间，鲁国政治腐败，三桓（季孙氏、叔孙氏、孟孙氏）专权。季孙意如虽然有一定的政治才能，但在面对家族内部和外部的压力时，往往难以拒绝。

鲁昭公时期，季孙意如与叔孙氏、孟孙氏共同抵制鲁昭公的夺权企图，季孙意如虽然参与了反对鲁昭公的行动，但他内心并不想反对鲁昭公，而是因为惧怕三桓的势力，不得已而为之。最终，鲁昭公被迫流亡国外，鲁国也陷入更深的黑暗中。如果季孙意如能更坚决地拒绝家族内部的腐败和专权倾向，或许能避免鲁国政治的进一步混乱，可惜这一切都来不及了。

小唯是一个心地善良的孩子，她的本意是帮助朋友，只是不懂得如何拒绝。季孙意如虽然是春秋时期鲁国的一个大人物，但他也是一个在想说"不"的时候，却无奈说了"行"的人。无论是小唯还是季孙意如，他们的问题都在于没有坚守自己的原则和底线。

在生活中，我们应该学会在面对朋友或者家人的要求时，勇敢地拒绝那些不正确的事情。这样，我们才能成为一个有原则、有担当的人。另外，我们还要学会承担拒绝的后果。有时候，拒绝别人的要求可能会让我们失去一些朋友或者面临一些困难。但是我们也要勇敢地面对各种结果，并且相信自己的选择是正确的。

专家有话说

　　亲爱的小朋友们，勇敢说"不"有助于我们形成独立、自尊和自信的价值观。这些价值观能让我们成为一个有责任感的人。相反，如果我们事事都说"行"，总是习惯委曲求全，那就会让我们觉得自己的感受不重要，进而形成消极、依赖的价值观。所以，当我们遇到不想做的事情时，一定要勇敢说"不"，勇敢拒绝。

不要把主动权，寄托在别人身上

我们一起想象一下：你有一块特别爱吃的巧克力，你希望别人不要拿走它，但你只是默默地希望，却没有付出相应的行动。你觉得，这样能保证巧克力不被别人拿走吗？答案显然是不能。同样，如果我们只是希望别人不欺负我们，或者希望别人对我们好，但自己不付出任何努力，那也可能得不到我们想要的结果。

所以，我们要明白，自己的权益，比如不被欺负、被公平对待，这些都是要靠自己去争取的。就像守护那块巧克力一样，我们要勇敢地站出来，用我们的声音和行动告诉别人："这是我的权益，我要守护它！"

你知道吗？

小朋友们，当我们遇到不公平的事情时不要害怕，我们可以找爸爸妈妈、老师或者朋友帮忙，大家一起想办法解决。记住，主动权在自己手里，我们要勇敢地站出来，为自己争取权益，千万不要把希望寄托在别人身上！

善良小剧场

　　小昌原本计划暑假跟同学一起去海边旅游，可就在暑假开始之前，邻居家的阿姨找到了小昌的妈妈，希望小昌能给她的孩子补补课，因为她的孩子在学习上有些困难。小昌很想拒绝，但又不敢，只好寄希望于妈妈能拒绝邻居阿姨，或者邻居阿姨改变计划。谁知，一直到暑假开始，妈妈都没拒绝邻居阿姨，邻居阿姨也没有改变请小昌帮忙补课的想法。没办法，小昌只好委屈地放弃了自己原本的暑假旅游计划。

　　整个暑假，小昌都给邻居家的孩子补课。他虽然尽心尽力，但心里却始终感到痛苦和不满。他想跟同学们去旅游，想去看海边的阳光和沙滩，可现在，这个暑假却因为他没能主动为自己争取权益，被迫做了自己不喜欢的事情，而变得索然无味。

如果小昌能像项羽一样，将主动权牢牢掌握在自己手里，也就不会委屈地度过整个暑假了。在秦末的乱世之中，楚怀王虽然名义上是各路起义军的共主，实际上却并无实权。项羽在巨鹿之战中大败秦军，威震天下，逐渐成为各路诸侯的实际领导者。然而，楚怀王却对项羽的权势心生忌惮，开始密谋削弱项羽的势力。

项羽敏锐地察觉到了楚怀王的意图，他深知如果坐以待毙，等到楚怀王联合其他诸侯对自己发动攻击，那么自己将陷入被动。于是，项羽决定先发制人，他秘密召集了心腹将领，以迅雷不及掩耳之势除掉楚怀王，以绝后患。项羽这一举动不仅消除了威胁，还为他后续的争霸事业奠定了基础。

小昌原本期待着一个快乐的暑假，却因为不懂主动争取，被迫放弃了自己的计划，去给邻居家的孩子补课，结果整个暑假他都过得痛苦不堪，心里充满了不满和遗憾。项羽却懂得抓住主动权，努力争取自己的权益，这才为自己后续的事业奠定了基础。可见，我们要学会把握主动权，独立自主地解决问题。

　　当别人要替我们做决定的时候，我们要学会拒绝。因为，只有我们自己才知道心里最想要的是什么，最需要的是什么。我们要勇敢地告诉别人自己的想法、自己的决定。我们要用自己的头脑去判断什么是对的，什么是错的，这样才能让自己变得更加强大。

专家有话说

　　亲爱的小朋友们，我们可以提前做好准备和计划，让自己更有计划地处理遇到的问题。在平时面对选择时，我们则要尝试着自己做决定，而不能总是依赖别人。我们要相信自己有能力做好事情，即使遇到困难也不要轻易放弃，用积极的心态去面对生活中的挑战和变化，才能将主动权牢牢握在自己手中。

孩子，不要害怕冲突

导言：

"冲突"这个词听起来可怕，但是，如果能够以平和、理性的方式去处理，它反而能成为加深彼此理解、增强关系的机会。冲突并不是什么大不了的事情，你因为捍卫自己的权利，跟朋友发生了争执，那也并不意味着你们就不再是朋友了。相反，通过解决这些问题，你们的友情还可能会因此变得更加坚固呢。

而且，冲突还能有助于我们成长。每一次遇到冲突，其实都是一次锻炼我们解决问题的能力的机会。所以，我们不应该害怕冲突，而是要勇敢地面对它、解决它。

你知道吗？

小朋友们，我们在学校里，有时候会担心和同学发生冲突，而选择委屈自己。其实，冲突反而是帮助我们筛选真正友情的试金石。所以，我们不要害怕跟人发生冲突，因为冲突并不可怕，它就像是我们生活中的一个小老师，教会我们如何与人沟通、如何解决问题。

善良小剧场

　　小婕和童童本来是好朋友，但小婕喜欢在背后说别人坏话，就连童童也没能幸免。一天，小婕在同学面前说童童是"行走的肉球"，结果被童童听到了。童童一直因为自己的身材有些自卑，小婕的这句玩笑话伤害了她。她本来想着忍忍算了，却越想越委屈。终于，童童忍不住去质问了小婕。

　　小婕这才意识到自己的玩笑开过了头，伤害到了童童。她马上向童童道了歉，保证以后再也不会这样口无遮拦。这件事过后，童童和小婕的关系也慢慢恢复了。小婕开始注意别人的感受，不再随口说别人的坏话。而童童也学会了更好地处理矛盾和问题，不再选择逃避或忍耐了。

汉武帝时期，汉朝与匈奴之间的关系紧张。匈奴新单于为了缓和与汉朝的关系，将之前扣押的汉朝使节送回。汉武帝为了表示诚意，派遣苏武等人出使匈奴，送还匈奴使节并赠送礼物。然而，在苏武等人完成使命准备回国时，却被匈奴给扣留了。面对匈奴的威逼利诱，苏武没有害怕，而是坚决不投降，表现出了极高的民族气节。

单于见无法迫使苏武投降，便将他流放到北海（今贝加尔湖）牧羊，直到汉昭帝即位后，苏武等人才得以回国。苏武回国时已是满头白发，汉昭帝封他为典属国，并在他去世后将其列为麒麟阁十一功臣之一，以表彰他的节操和功绩。

童童与苏武虽然所处的时代不同，境况和遭遇不同，但共同揭示了一个道理，那就是在面对冲突时，应该学会勇敢地面对，坚持自己的立场和原则，不因外界的压力而轻易妥协。我们不应该因为害怕跟人发生冲突就委屈自己或者丧失自己的立场，而是要勇敢地表达自己的想法和感受，这样才能够真正地解决问题，让自己得到更多的尊重和成长。

　　冲突往也往伴随着沟通和协商的机会。通过直面冲突，我们可以学会如何有效地与他人沟通，理解他人的立场，进而寻求共识和解决方案。这对于我们未来的人际交往也是至关重要的。

专家有话说

　　亲爱的小朋友们，有时候我们可能会因为害怕跟别人发生冲突，就选择委屈自己，不敢说出自己的想法和感受。但其实这样做并不好，因为委屈自己并不能真正解决问题。当我们遇到问题时，应该勇敢地表达自己的想法和感受，尝试和对方沟通解决，哪怕跟对方发生冲突也没关系，说不定一番冲突过后，你们之间的问题反倒能迎刃而解呢。

被拒绝？没什么大不了

在生活中，我们经常会遇到需要拒绝别人的情况，也会遇到被别人拒绝的情况。比如，有时候，朋友想让我们玩儿一个你不想玩儿的游戏，或者我们邀请对方踢球对方却不想踢。这时，我们可能会担心，如果自己拒绝了别人，他们就不会再跟我们一起玩了，或者担心被人拒绝了会很没面子，实际上，拒绝和被拒绝都不是一件可怕的事情。

每个人都有自己的喜好和想法，有时候我们的想法和别人的不一样，这很正常。如果我们总是因为怕被拒绝而不敢说出自己的想法，那我们就会错过很多做自己想做的事情的机会。

你知道吗？

小朋友们，你知道吗？真正的朋友是不会因为你拒绝了他一次就不喜欢你的。真正的友谊是建立在理解和尊重的基础上的。同样，如果别人拒绝了你，也不要觉得难过或者生气。每个人都有权利做出自己的选择，我们要尊重别人的选择，就像我们希望别人尊重我们的选择一样。

善良小剧场

图图总觉得，自己的付出一定会有回报。所以，他一直对大家很好，从不拒绝别人的要求，总是尽自己最大的努力去满足每一个人。尤其是他的好朋友瑶瑶，他经常帮瑶瑶搬东西，跟瑶瑶一起做作业，陪瑶瑶一起逛街，可有一天，图图遇到了一个小麻烦，他想让瑶瑶帮忙，没想到瑶瑶却干脆地拒绝了他。

图图感到非常伤心和不解，他觉得自己一直对瑶瑶很好，为什么瑶瑶却不愿意帮助他呢？回到家后，图图委屈地向妈妈诉说了自己的遭遇。没想到，妈妈却告诉图图："瑶瑶有拒绝的权利，你也不要害怕被人拒绝，因为每个人都有自己的喜好，不强求别人也是一种尊重。"听了妈妈的话，图图感到豁然开朗。

在生活中，我们一定不要害怕被拒绝，就像战国时期的纵横家苏秦一样，只有拿出越挫越勇的精神，才能成就一番大事业。当年，苏秦拜鬼谷子为师，学习纵横之术。学成之后，苏秦最先来到秦国，可秦惠文王并未采纳他的建议，在接下来的日子里，苏秦先后游历了多个国家，但都遭到了拒绝。

这些拒绝并没有让苏秦停下脚步，反而激发了他更加坚定的决心。终于，苏秦的才华得到了燕文侯的赏识。燕文侯被苏秦的合纵抗秦策略所打动，决定资助他前往赵国继续游说。随后，他又成功说服了韩、魏、齐、楚等国君主，共同组成了合纵联盟，一致对抗强大的秦国。

你们等着，我一定会回来的！

省省吧，您都来几次了？

苏秦凭借自己的智慧和不懈努力，最终挂上了六国相印，成为战国时期的风云人物。他的成功不仅在于他的才华和策略，更在于他面对拒绝时的坚韧不拔和永不放弃的精神。

拒绝能帮助我们认清彼此的边界和底线。就像我们在玩儿游戏时，要知道游戏的规则一样，我们在与朋友相处时，也要知道彼此的"规则"。这样，我们才能更好地尊重彼此，避免因为不小心而伤害到对方。所以，在面对他人的拒绝时，我们不要害怕，也不要灰心。对我们来说，每一次的拒绝和被拒绝其实都是一次成长的机会，只要我们坚持不懈地努力，总有一天会迎来属于自己的成功。

专家有话说

　　亲爱的小朋友们，拒绝就像一面镜子，让我们能更清楚地看到自己和朋友的真实想法和感受。当我们被拒绝时可能会有点儿难过，但这也是一个了解朋友的好机会。我们可以想一想，为什么朋友会拒绝呢？是不是因为他有其他的想法或者计划呢？这样，我们就能更好地了解朋友的喜好和想法，也更能明白自己应该如何与朋友相处。

第 六 章

做一个有棱角的人，
保护我的"性本善"

让你感到不舒服的，就是不适合你的

导言：

　　我们每个人都有自己的独特感受和与人相处的界限，这是我们个体性的重要体现。当我们遇到某些人或事情让我们感到不舒服时，这通常意味着他们与我们内心深处的需求和期望存在冲突。深刻理解这一点，对于保护自身不受伤害、维护内心的平静至关重要。

　　在日常生活中，我们应该学会倾听内心的声音，敏锐地捕捉那些微妙的感受和情绪。当我们发现自己身处不舒适的环境或是在与某些人的交往时感到压抑，我们应当勇敢地采取行动，远离这些负面因素。

你知道吗？

　　小朋友们，当你们产生不舒服的感觉时，这其实是你的心在提醒你，当下的情况不太正常。你们要学会聆听内心的声音，勇敢地远离那些让你们感到不适的环境和人。这样，你们不仅能更好地保护自己，还能确保身心的健康与快乐。

善良小剧场

　　小雨是一个性格温和、心地善良的女孩，与同学们相处得一直很好。然而，最近她在与班上几个同学的相处中却产生了一些问题。原因是有些同学喜欢在背后议论他人，甚至还当着小雨的面开她的玩笑。小雨刚开始时选择了忍耐，她觉得宽容和忍让是处理人际关系的重要原则，她不想因为与这几个同学有矛盾而破坏班里和谐的氛围。

　　可是，小雨的忍让却这几个同学变本加厉。他们的这种行为让小雨难以忍受，每天都过得很压抑。小雨开始反思，自己是不是该继续容忍这种行为。她想勇敢地站出来反抗，但又害怕处理不当，引发更大的矛盾和问题。

终于有一天，小雨忍不下去了，她鼓起勇气告诉那几个同学，自己很讨厌别人开自己的玩笑，如果他们继续这么做，她只能向老师和家长寻求帮助。那几个同学听后害怕了，终于不再说小雨的坏话，笑容又重新浮现在小雨的脸上。

魏晋时期，管宁有一个好朋友，名叫华歆。两个人一起读书，一起吃饭，一起睡觉。可是有一次，二人在园中锄草时挖出了一块金子，华歆想把金子据为己有，这让管宁十分不屑。后来，两人一起读书时，华歆被外边的热闹吸引，丢下书本跑去观看，这让管宁更加相信二人不是一路人。于是，管宁决定与华歆划清界限，他割断席子，坚决地同华歆绝交了。

管宁头脑清醒，且勇于决断，他用自己的清醒守护了内心的原则。在面对与自己观念不合的人和事时，我们也要像管宁一样，有做出正确选择的勇气，这样才能解决困扰我们人际关系的难题。

当我们感到不适或受到压抑时，要勇敢地捍卫自己的立场，选择远离那些与我们观念不合、给我们带来负面情绪的人或环境。千万不要因为害怕改变，而选择忍气吞声。只有拒绝那些让我们感到难过的人或事，我们才有精力提升自己，也才能有机会遇到更优秀的人，找到与我们心灵契合的朋友。

专家有话说

亲爱的小朋友们，生活中充满了各种各样的人和事，我们要学会选择那些让我们感到安心和快乐的事物，勇敢地远离那些让我们感到不安和不适的存在。只有这样，我们才能在生活中感到真正的自由和幸福。做一个有棱角的人，保护好自己，不让自己受伤害，我们就会发现生活中有更多美好。

帮助别人的前提，是学会保护自己

我们都希望成为善良的人，愿意向他人伸出援助之手。然而，在帮助他人的过程中，我们也不能忽视自己的安全。只有当我们能够妥善地保护自己、确保自身安全之后，我们才能更好地为他人提供帮助。

在生活中，我们需要学会在伸出援手之前，先审视自己的能力，全面了解自己可能遇到的风险。这样，我们才能在给予别人帮助的同时，避免自己陷入不必要的困境。要记住，保护自己并非自私之举，而是为了更好地帮助他人，让我们的善良之举更加有意义。

你知道吗？

小朋友们，你们知道吗？帮助别人确实是一种非常美好的品德，但在伸出援手之前，我们必须学会保护自己。因为，只有在我们自己安全的前提下，才能更有效地为他人提供帮助。所以，无论何时都要记住——保护自己，是帮助他人的前提。

善良小剧场

一天，可可在放学回家的路上，遇到了一只没有拴绳，而且看上去很凶猛的狗。可可很害怕这只狗，就想绕路走。可是，这只狗一个劲冲着可可吼叫，让可可不敢前进，也不敢离开。就在这时，可可的同学辰辰恰好路过，他看出可可十分害怕，就立刻走到可可身边，打算帮助他解围。

辰辰没有寻找大人帮忙，而是捡起地上的一块石头朝着狗砸去，谁知，这只狗不但没有被吓跑，反而向辰辰扑了过来，一口咬住了辰辰的书包。路人看见后，赶忙跑过来把狗赶走了，辰辰坐在地上一阵后怕：这真的是太危险了！早知道会这样，我就直接找大人帮忙，或者想别的办法了。

孩子,你太莽撞了。

是呀,万一被咬伤了怎么办?

辰辰的经历告诉我们，在热心助人的同时，必须首先评估自己的能力和现场的具体情况。如果自身条件或现场情况不允许，我们就不应该勉强行事，以免发生危险。东汉时期有个名叫史弼的官员，就因为不懂得这个道理，给自己带来了麻烦。

在东汉中后期，宦官集团对持不同政见的士人进行了残酷迫害，并将这些士人称为"党人"。为了功名利禄，许多官员纷纷抓捕自己身边的"党人"，但也有一些有良知的人，悄悄帮助"党人"逃走，避免危害到"党人"和自己。只有史弼公开斥责下令抓捕"党人"的行为，结果却连累了无数无辜的同僚和下属被关进监狱。

史弼坚守正义的选择值得称赞，然而他在行动时却未能妥善考虑自身安全与实际情况，最终牵连了同僚和下属。其实，他完全可以选择更好的方式，既保护"党人"不受迫害，也不至于连累同僚。可史弼没有那么大的权力，却仍然用最激烈的方式跟敌人抗衡，才导致了这样的结果。可见，在帮助别人时，一定要全面评估自身条件与周围环境，这样才能更有效地伸出援手，同时避免自己和身边的人受到伤害。

在日常生活中，我们也要学会正确评估风险，不要因为乐于助人而忽视自我保护。遇到潜在危险时，我们要找到更加稳妥的援助方式。因为自我保护不仅是对自己负责，也是对他人负责。

专家有话说

　　亲爱的小朋友们，毫无疑问，帮助他人是一件令人感到快乐和满足的事情，但是在伸出援手之前，我们一定要先学会保护自己。因为只有先确保了自己的安全，我们才能以最佳状态去帮助那些需要帮助的人。记住，帮助他人也要量力而行，不要超出自己的能力范围。相信大家都能够在保护自己的同时，做出最明智和负责任的选择。

你才是你世界的主角

　　每个人都是自己世界中无可替代的主角，我们的感受、思想和梦想构成了个人独特且珍贵的内心世界。学会从自身出发思考问题，并不是自私自利，而是对自我价值的认可，更是对自己深层次需求的关注。

　　在纷繁复杂的生活中，我们需要明确自己的"主角"地位，意识到我们是自己生活的主导者。做决定时，我们应以自己的内心感受为基准，而不是盲目追随他人或社会的期待。只有这样，我们的选择才能真正符合自己的期望，在生活中找到真正的幸福。

你知道吗？

　　小朋友们，你们知道吗？你们每个人都是自己生活的"主角"。你们的想法、感受和梦想都是独一无二的，值得被重视。你可以善良对待每一个人，但不必为了迎合别人而改变自己，勇敢地做自己，你们的世界会更加美好。

善良小剧场

小欣是个非常讨人喜欢的女孩，她平时总是考虑别人的感受，尽量让每个人都能感到开心。她很受朋友的欢迎，因为她愿意顺从他人的意见，无论是选择玩儿什么游戏、去哪里玩儿，还是在小组活动中承担什么角色，小欣总是遵循大家的选择。

慢慢地，小欣也开始感到疲惫，因为她一直在不断迎合同学和朋友们的喜好，却经常忽略自己的意愿。有一次，班级组织郊游，大家决定去一个小欣不太喜欢的地方，还让小欣帮忙准备，她很想推掉，但害怕让大家失望，只好又一次违心地答应了。回到家后，小欣觉得又委屈又憋闷，难道自己讨好别人是做错了吗？

每个人都有自己的感受和需求，这些都是不容忽视的。但是，我们不应为了取悦他人而牺牲自我，小欣应当跟隐士许由学一学，尝试做自己世界的"主角"，遵从自己的内心感受。

许由是上古时期的一位隐士，他品行十分高洁，尧帝听说之后，就想把帝位禅让给他，期望由他来治理天下。可是，许由并不想要天下，他对权力和名利毫无兴趣，心里只有对隐逸生活的向往。于是，他坚决拒绝了尧帝的提议，选择避世于箕山之中。尧帝误以为许由只是谦虚，可是他再三邀请，许由仍不为所动，许由为了表明心迹，还跑到颍水旁边洗耳，以此告诉世人，自己要摆脱名利的纠缠。

看来，尧帝是没办法说服他了。

许由的故事告诉我们，我们要勇敢地追随自己的内心，坚守自己的选择，这样才能真正活出自我，感受到生活的美好。在生活中，我们应该更加关注自己的内心世界，学会聆听内心深处的声音。当我们面对选择时，要勇敢地做出符合自己内心需求的决定，而不是盲目地迎合他人或社会的期望。

同时，我们也要学会在面对外界压力时保持坚定的信念。我们都有权利坚持自己的选择，从而过上真正符合自己心愿的生活。我们只有勇敢地做自己，尊重自己的感受和价值观，我们才能真正成为自己生活中的主导者，活出精彩的人生。

专家有话说

亲爱的小朋友们，请记住，每个人都是自己世界的主角，我们的感受和想法非常重要。我们可以善良，但不要为了让他人高兴而忽视自己的需求。勇敢地做自己，追求自己的梦想，这样才能真正感受到生活的美好。无论面对什么样的挑战，始终记得倾听自己的内心，我们的生活才会因此变得更加美好。

别让他人影响到你的心情

导言：

你是否曾遇到过这样的情况：别人的一句不友善的话或一个令人不悦的举动，就能让你一整天都心情沉重，无法释怀？其实，我们不应该让他人的行为和言语轻易左右我们的情绪。每个人都有自己的生活方式，面对外界的影响，我们要学会坚守内心的平和与稳定，保护自己的情绪不被外界的负面因素所干扰。

善良并不意味着我们要接受别人的不良影响。相反，它要求我们在保护自己的同时，再去对他人保持包容和理解。这样，我们才能在生活中保持积极向上的态度。

你知道吗？

小朋友们，你们知道吗？不论别人说了什么或做了什么，我们都要学会控制自己的情绪，不要轻易被别人的言行影响。保持内心的平和，让自己的心情始终阳光明媚，这样我们才能用良好的心态去面对生活中的一切。

善良小剧场

豆豆是一个极为敏感的孩子，总是过分在意他人对自己的看法和评价。一次，豆豆剪了个很短的发型，第二天课间休息时，一位同学用开玩笑的口气说道："豆豆，你的发型可真难看啊！你的头好像我早上吃的卤蛋。"周围同学哄堂大笑，豆豆气得面红耳赤，指着同学半天说不出话。

回到家后，豆豆越想越气，忍不住坐在沙发上大哭起来。妈妈下班回来后，豆豆立刻埋怨妈妈不该带自己去剪头发，害他被大家嘲笑，结果他又被妈妈数落了一顿。晚上睡觉前，豆豆一直在想：明天大家还会不会嘲笑我的发型？我的发型是不是真的很难看？这些问题让他一晚上都没睡好。到了第二天早上，他特意戴了个帽子去学校，同学们看他这么在意，反而笑得更欢了。

一整天，豆豆都闷闷不乐、眉头紧锁，这种情绪也严重影响到了他的学习状态。其实，我们应该学会看淡别人的玩笑，不让别人的言行来影响我们的心情。

　　说到这一点，就不得不提一下官渡之战中的曹操了。建安五年（200），曹操与袁绍的大军对峙。袁绍的谋士陈琳撰写了一篇檄文，不仅言辞犀利地攻击了曹操的品行，甚至挖出他的家族历史进行嘲讽。这篇檄文在两军阵前被高声朗读，陈琳试图借此扰乱曹操的心神。然而，曹操展现了非凡的定力，他不但没有被陈琳的言辞所激怒，反而更加坚定了自己的决心。最后，曹操凭借冷静的判断和机智的部署，在官渡之战中以少胜多，击败了大敌袁绍。

曹操的故事告诉我们，无论他人如何挑衅，我们都应学会泰然处之，保持内心的平静。在漫长的人生旅程中，我们会遇到各种挑战，但只有在心态平和、情绪稳定的状态下，我们才能做出明智的决策，进而在激烈的竞争中脱颖而出，取得最终的成功。

在学校里，在生活中，我们经常会面对各种各样的评价。这时，我们不应该被这些声音左右。相反，我们应该有选择性地吸收有益的建议，屏蔽那些无意义的负面评价，这样才能坚定地走自己的路，追求自己的目标。只要我们坚守初心，尊重自己的感受，就能在各种声音中保持清醒，保持真正的自我。

专家有话说

亲爱的小朋友们，你们知道吗？随大流往往意味着按照别人的方式做事，这样就不容易尝试新的方法或探索未知的事物。此外，不坚持自己的想法也可能让我们觉得自己没有主见，进而缺乏自信。学习新知识、尝试新事物和培养自信都是成长的重要部分，如果我们因为害怕被排挤就委屈自己，那就等于失去了成长的机会。

害怕被排挤，只能委屈自己吗？

你们有没有遇到过这样的情况呢？看到其他小朋友都在做某件事情，虽然自己并不喜欢，但是因为害怕被排挤，所以就勉强跟着一起做了。可是，你知道吗，如果因为害怕被排挤，就强迫自己去做不喜欢的事情，那就会失去自己的个性，也会让自己感到不开心。

如果朋友因为我们有自己的想法和喜好就排挤我们，那他们就不是我们真正的朋友。真正的朋友会尊重我们的选择，也会愿意了解我们的想法。所以不要因为害怕被排挤就委屈自己。我们要勇敢地表达自己的想法和喜好，也要学会尊重和理解每个人想法的差异。

你知道吗？

小朋友们，我们要勇敢地表达自己的想法和喜好，不要因为害怕被排挤就委屈自己，而选择随大流。

善良小剧场

桓桓很喜欢摇滚乐，他觉得摇滚乐充满了力量和激情。但是，他发现自己的朋友们都喜欢看动画片，而且经常在一起讨论动画片的情节和角色。桓桓很害怕被大家排挤，所以他决定随大流，假装自己也喜欢动画片。每天，他都勉强自己看动画片，为了不被大家发现他的真实喜好，他总是强颜欢笑，和大家一起讨论动画片。

但是，桓桓越来越不开心，因为他每天都要做一件自己并不喜欢的事情。而且，因为他一直假装喜欢动画片，他也没有机会交到同样喜欢摇滚乐的朋友。每次大家兴高采烈地跟他讨论动画片，他都想告诉大家，其实自己并不喜欢动画片，但他一直没有这个勇气。

害怕被排挤而随大流，就像穿了一双不合脚的鞋子，走起路来会很不舒服。其实，桓桓大可不必因为怕排挤就勉强自己，他应该像东汉时期著名官员董宣一样，勇敢表达自己的好恶。董宣在担任洛阳县令时，曾处理一起公主仆人行凶杀人的案件。当时，大家都劝董宣别跟公主对着干，否则容易触怒皇族，可董宣就是看不惯公主仆人仗势欺人、逍遥法外的行径，于是坚决将其抓捕并当着公主的面处决了他。

公主大怒，向皇帝刘秀告状。刘秀也很生气，要杖责董宣替公主出气。可是，董宣毫无惧色，坚决不与众人同流合污。最终，刘秀不仅未责罚董宣，反赏其"强项令"之号，以表彰董宣。

勇敢表达自己的好恶并坚持自己的立场，并不会让我们受到排挤和孤立。相反，这种勇气和坚持会让我们得到更多的尊重和认可。如果总是随大流，没有自己的立场和观点，反而会让一些人觉得我们好欺负。所以，为了能更好地保护自己，也为了赢得他人的尊重，我们千万不要委屈自己。

独特的喜好赋予了我们闪耀的个性，如果因为害怕被排挤就放弃自己独特的个性，那实在是太不值得了。我们要有努力展示自己的勇气，这种勇气也会让我们更加自信和坚定地面对生活中的各种困难和挑战。

专家有话说

亲爱的小朋友们，你们知道吗？随大流往往意味着按照别人的方式做事，这样就不容易尝试新的方法或探索未知的事物。此外，不坚持自己的想法也会让我们渐渐失去自信。学习新知识、尝试新事物和培养自信都是成长的重要部分，如果我们因为害怕被排挤就委屈自己，那就等于失去了成长的机会。

守护好自己的边界

个人边界指的是我们为自己在行为、语言、情感等方面所划定的明确界限，也指我们内心世界的坚固屏障。这道屏障如同城墙，保护着我们的安全，防止外界的侵犯。

明确并坚守个人边界，不仅是对自己的尊重，更是对他人的尊重。在复杂多变的人际交往中，设立和守护自己的边界，能够帮助我们过滤掉不必要的纷扰，保持内心的宁静。因此，我们要学会在生活中划定自己的边界，并且勇敢地去守护它，这样才能在保持善良品质的同时，确保自己的内心世界不被侵犯。

你知道吗？

小朋友们，你们有没有发现，当别人对你们提出一些不合理的要求时，如果你不加拒绝，可能会一次次地被要求更多。这时，设立个人边界就非常重要了。勇敢地说出自己的底线，既是对自己负责，也能让别人知道你是有原则的。

善良小剧场

　　球球是一个非常热心的小朋友，经常帮助别人解决问题。一次，她的好朋友小玲找她倾诉心事，说自己最近遇到了很多烦恼。球球耐心地听着，并给了小玲一些建议。然而，让球球没想到的是，从此以后小玲开始频繁地向她倾诉，甚至有时会在深夜打电话到她家，吵得球球一家都无法好好休息，这让球球感到非常疲惫。

　　于是，球球决定和小玲谈谈。她告诉小玲："我很关心你，也很愿意帮助你，但我也需要一些自己的时间。我们可以在白天或者周末聊聊，而不是在晚上，因为我也需要休息。"小玲听了球球的话后十分愧疚，她立刻表示，以后一定会尊重球球的作息时间。

球球的经历让我们明白，设立和守护个人边界是保护自己的一种重要方式。无论是面对朋友的倾诉还是其他人的要求，我们都需要明确自己的底线，避免因为透支自己而感到疲惫和压力。在这一点上，著名的军事家韩信其实做得也不够好。

　　当年，韩信家境贫寒，没有谋生的手段，只好常常去别人家蹭饭。当时，他常去一位亭长家。亭长出于善意接待了韩信，但韩信连续白吃了几个月的饭，亭长妻子开始不满。于是，她每天早晨天不亮就做好饭，家人一起吃完，把碗筷收拾好，然后不再做饭。韩信按平时的时间去蹭饭时，发现人家已经吃完饭了，餐具也已收起来了。他感觉受到了羞辱，便愤然离开了。

天天来蹭饭，算什么男人！

韩信和小玲的故事告诉我们，缺乏边界感很可能导致他人的反感和不满，而当我们感觉到自己的边界受到侵犯时，也要采取正确的方式来告知对方。最好的办法，就是直接跟对方说出自己的感受，而不是像亭长妻子那样羞辱对方。

要知道，设立个人边界并不是拒绝帮助他人，而是确保我们在帮助他人时，不会因此而感到疲惫或失去自我。只有当我们守护好自己的边界，才能保持健康的关系，才能在与他人交往时拥有自尊和自信。在这个过程中，我们要学会勇敢地表达自己的想法，不要害怕因为设立边界而失去友谊或受到批评。真正的朋友会尊重我们的边界，我们也不必为了那些不尊重我们的人的离开而感到烦恼。

专家有话说

亲爱的小朋友们，设立和守护自己的边界是我们成长中的重要一课。我们有权利保护自己的时间、精力和情感空间，不被不合理的要求所左右。学会说"不"，表达自己的真实感受，是对自己的尊重和爱护。守护好自己的边界，既是保护自己，也是对他人负责。我们要做一个善良且有原则的人，在帮助他人的同时，也要学会保护好自己。